100道
小蛋糕

孟兆慶★著

我就喜歡「吃軟不吃硬」

因為喜歡吃、愛吃、常吃、吃得多……所以我賠上了一嘴的牙！既然無法「工欲善其事，必先利其器」，沒有牙齒卻又還是想吃，這可怎麼辦呢？所以只好退而求其次，選擇性的「吃軟不吃硬」嘍！

撇開當一名吃客的角色，我最早開始接觸「製作」點心就是從「蛋糕」入門的。在國小的時候，經常到一位在市場裡面賣麵條的同學家裡面玩，同學的爸爸利用家中隨手可得的麵粉、雞蛋、砂糖，輕輕鬆鬆就變出了一個香噴噴的蛋糕，「這簡直太神奇了！」經過了兩三次的「目的性」作客後，我就興起了自己在家DIY的念頭，禮拜天中午趁著媽媽睡午覺，自己在廚房裡搞搞弄弄，等到媽媽起床時，我的蛋糕也出爐了！

當年的標準不高，要求也不多，只要是鬆鬆的、軟軟的、香香的就好了。可是隨著年紀的長大，隨著台灣經濟的發展，隨著自己嘴巴的刁，對於蛋糕的「品嘗」能力也與日俱增。不敢說多，但到現在至少也嘗過上百種的美味蛋糕，不過嘗過的蛋糕愈多，自己動手的膽量也就相對變小了，總怕自己做的時候不能完全掌握製作時候的份量、步驟和訣竅，生怕「失之毫釐，差之千里」。

2006年孟老師「又出招」了，哎！提起了這個孟老師呀！真是一個斤斤計較的好心雞婆，為了秉持一直以來出書的堅持，為了做到盡善盡美烘焙的要求，這本書她可是花了大功夫，光是為了研發「100」個不曾重覆過、彼此有差異性、上得了枱面、還要讓大家覺得有新意……她足足想了好久，然後再經過反覆不斷的試做、調整、確認。

除了在成品部份煞費苦功，文字部份她同樣也是花盡心思，而且那份「原稿」還陪著她到過不少地方，台北、高雄、香港、深圳、上海……字字推敲、句句斟酌，如此盡心盡力的為了這本書，除了「求好心切」驅使著她之外，讀者們的期待更是鞭策著她精益求精的最大動力。

如今，她的寶貝瓜熟落地了，這本千呼萬喚始出來的100道蛋糕，兼容了四季不同的口味考量，兼顧了各種不同健康取向的考量，考慮得非常全面。而我，雖然曾經看過之前的手稿，雖然只有看到蛋糕名稱的目錄，在想像中的畫面裡，已經不停的吞嚥口水了，彷彿口腔中已經咀嚼到了鬆軟的組織，喉嚨裡已經流過了甜蜜的滋味……光這樣就讓人受不了了。

未來我一定要珍藏一本，等到兒子、女兒再度和我住在一起的時候，我要按圖索驥，照著100道小蛋糕的指引，每個休假的時候，在兒女回家時對他們說：「爸爸的蛋糕烤好囉！」

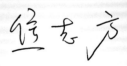

只要您滿意，就夠精采

　　烘焙點心的品項何其多，但是提到「蛋糕」二字，最能讓我尋覓舌尖最甜美、心頭最溫暖的記憶。在我孩提時，就是個酷愛甜食的愛吃鬼，但當時生活貧乏且物資短缺的困頓年代，「蛋糕」對我們來說根本就是稀有且存有距離感的東西，非得在特殊理由與條件下，才會吃吃蛋糕享受一下。

　　古早時所謂的「蛋糕」，充其量只是雞蛋加麵粉所製成的鬆發食品而已，毫無花樣可言；當然口味更是單一化，觸目所及永遠就是食品雜貨店內硬梆梆的杯子蛋糕，要不就是一包包不知名的小蛋糕，絕非當今種類繁多、花俏造型的蛋糕可比擬的；即便如此，我仍然對童年時很珍貴很單純的品嘗記憶，有著美味情感的眷念。感念父親總會創造一些名目買些蛋糕，讓他的女兒解饞一下，每每面對還沒入口的蛋糕，就已經先浮現十足的幸福感了，那個美好滋味至今難以忘懷；到了十幾歲後，才第一次正式吃到父親送的生日蛋糕，猶記當時，是在眼眶泛紅下品嘗了最令人難忘、最感動的美味。

　　基於「單純的美味」、「簡易的做法」，我延續了100道手工餅乾的誘人香氣與品嘗體驗，迫不及待將100道小蛋糕現身，從開始醞釀、發想、試做、試吃到完成，身歷其境操控每一個過程與細節，從無到有，看似大同小異的材料、差別不大的操作手法，卻能衍生出多樣化的蛋糕滋味與特性，每一道蛋糕的呈現，就像是我親生的孩子一樣，既親密又瞭若指掌。

　　起初，準備要研發這100道小蛋糕時，內心是懼怕是有壓力的，唯恐無法順利達成；後來心情輕鬆了，在「玩」的意念下，視為一場巧妙又有趣的遊戲，將所有食材視為快樂的因子，與我成天窩在廚房玩花樣，雖然經歷無數次NG丟材料的困境，最後，倒也漸漸地如行雲流水又順理成章的出現一個個的成品，有眾人耳熟能詳的奶油蛋糕、美式家常的馬芬及各式戚風蛋糕，還有在我們蛋糕名單內曝光率極高的乳酪蛋糕與雞蛋糕，當然更是少不了最具代表性的歐式蛋糕。雖然在樸實的外表下，無法滿足您視覺上的驚艷，但我相信，絕對能滿足各式味覺的體驗。

　　這本書裡的所有蛋糕，無關什麼「裝飾」或「盤飾」等繁複的後續動作，只要您肯付出時間、備料到製作，一旦成品出現時，即可享受立即的成就感與美味，很家常、很簡易，也很熟悉，沒有什麼驚人身段，只是平易近人的常溫型小蛋糕，只要您滿意它，就夠精采了。

　　100道小蛋糕很想獻給在天上的父親，雖然這麼多的美味太遲與他分享，但在我心底深處總想對他說：「爸！蛋糕烤好囉！」

孟兆慶

如何
使用本書？
How to use

Ⅰ 四季主題

不管是春夏秋冬，孟老師都會告訴您每一個季節最對味的蛋糕製作重點，讓您可以依自己的喜好製作出各式不同美味的蛋糕。

Part 1
Spring

春季蛋糕。賞味

小芽從土裡冒出頭，花朵也準時綻放了，
就在一年的伊始，許下未來的心願。
上街買了新鮮的食材回家，翻閱食譜，
把春光釀進蛋糕裡吧。
甜蜜鮮果口味和百變乳酪口味，
都讓心底有了春教教的甜意。

由簡易式的馬芬蛋糕做起，提高興致與加強信心，再從周邊可應用的食材，充分變化並發揮美味的想像，做個「蛋糕達人」，滿足自己及身邊的所有人。

- 蛋糕的口味　各式甜蜜的鮮果滋味及風味百變的乳酪蛋糕。
- 蛋糕的類別　馬芬、家常的奶油蛋糕。
- 蛋糕的特性　各式鮮果的搭配突顯馬芬口感的濕潤特性，小型又家常式的製作，易掌握又好變化。

2 季節叮嚀

不同季節都可以品嘗蛋糕的好滋味。

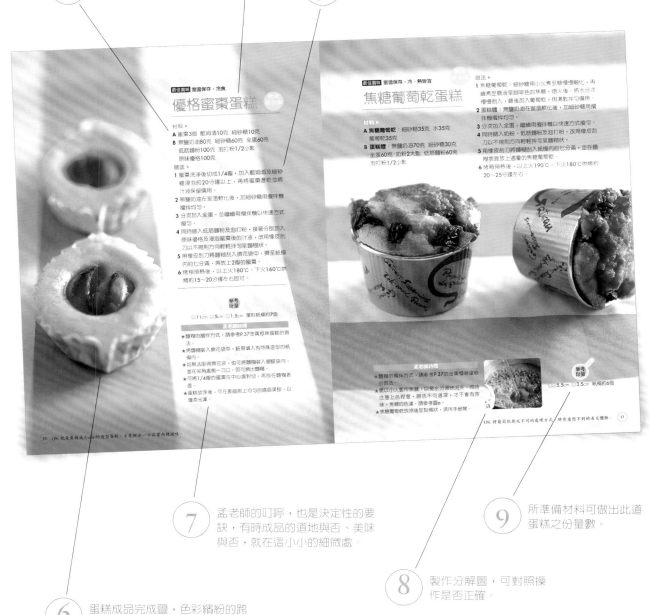

③ 各種蛋糕的正確名稱。

④ 準備適當份量的材料，是做好點心的必要條件。

⑤ 詳細的製作步驟解說，讓您操作時不容易出錯。

優格蜜棗蛋糕

最佳賞味 室溫保存、冷食

材料▶
A 蜜棗3個 蘭姆酒10克 細砂糖10克
B 無鹽奶油80克 細砂糖60克 全蛋60克
低筋麵粉100克 泡打粉1/2小匙
原味優格100克

做法▶
1 蜜棗洗淨後切成1/4瓣，加入蘭姆酒及細砂糖浸泡約20分鐘以上，再將蜜棗瀝乾並將汁液保留備用。
2 無鹽奶油在室溫軟化後，加細砂糖用攪拌機攪拌均勻。
3 分次加入全蛋，並繼續用攪拌機以快速方式攪勻。
4 同時篩入低筋麵粉及泡打粉，接著分別加入原味優格及浸泡蜜棗後的汁液，改用橡皮刮刀以不規則方向輕輕攪拌勻呈麵糊狀。
5 用橡皮刮刀將麵糊刮入擠花袋中，擠至紙模內約七分滿，再放上2瓣的蜜棗。
6 烤箱預熱後，以上火180℃、下火160℃烘烤約15～20分鐘左右即可。

參考份量
□11cm □5cm □1.5cm 蛋形紙模約7個

孟老師的時間
★麵糊的攪拌方式，請參考P.37的金黃橙熱蛋糕的做法。
★將麵糊裝入擠花袋中，較易填入有特殊造型的紙模中。
★如無法買得擠花袋，也可將麵糊裝入塑膠袋內，並在尖角處剪一刀口，即可擠出麵糊。
★可將1/4瓣的蜜棗在中心處對切，再放在麵糊表面。
★蛋糕放涼後，可在表面刷上均勻的鏡面果膠，以增添光澤。

OS: 就是要做成小小的造型蛋糕，才有辦法一口品嘗與慢滋味。

焦糖葡萄乾蛋糕

最佳賞味 室溫保存、冷、熱皆宜

材料▶
A 焦糖葡萄乾：細砂糖35克 水35克
葡萄乾35克
B 蛋糕體：無鹽奶油70克 細砂糖30克
全蛋60克 奶粉2大匙 低筋麵粉60克
泡打粉1/2小匙

做法▶
1 焦糖葡萄乾：細砂糖用小火煮至慢慢融化，再續煮至糖漿呈咖啡色的焦糖，熄火後，將水分次慢慢倒入，最後加入葡萄乾，用剩影拌勻備用。
2 蛋糕體：無鹽奶油在室溫軟化後，加細砂糖用攪拌機攪拌均勻。
3 分次加入全蛋，繼續用攪拌機以快速方式攪勻。
4 同時篩入奶粉、低筋麵粉及泡打粉，改用橡皮刮刀以不規則方向輕輕攪拌勻呈麵糊狀。
5 用橡皮刮刀將麵糊刮入紙模內約七分滿，並在麵糊表面放上適量的焦糖葡萄乾。
6 烤箱預熱後，以上火190℃、下火180℃烘烤約20～25分鐘左右。

孟老師的時間
★麵糊的攪拌方式，請參考P.37的金黃橙熱蛋糕的做法。
★煮以小火製作焦糖，以免水分過度快流失，同時注意上色程度，顏色不可過深，才不會有苦味。焦糖的色澤，請參考圖a。
★焦糖葡萄乾放涼後呈點概狀，須用手撥開。

參考份量
□5.5cm □3.5cm 紙模約6個

OS: 將葡萄乾換成不同的處理方式，將有意想不到的甜美體驗。

51

⑦ 孟老師的叮嚀，也是決定性的要訣，有時成品的道地與否、美味與否，就在這小小的細微處。

⑥ 蛋糕成品完成圖，色彩繽紛的跨頁設計，讓您更想躍躍欲試。

⑨ 所準備材料可做出此道蛋糕之份量數。

⑧ 製作分解圖，可對照操作是否正確。

目錄
Contents

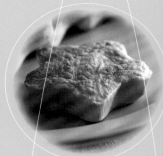

Part 1 ｜ 春季蛋糕。賞味

甜蜜鮮果口味　32
最清爽甜美的季節特選

百變乳酪口味　56
春天般風貌多樣的香醇滋味

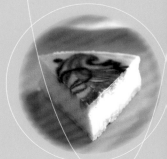

Part 2 | 夏季蛋糕。賞味

Part 3 | 秋季蛋糕。賞味

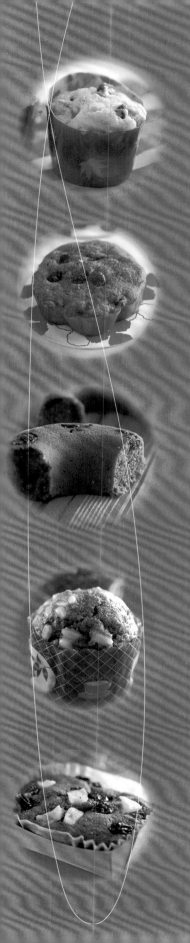

Part **4** 冬季蛋糕。賞味

蛋糕
的世界
Cake

餅乾的酥脆與蛋糕的綿細，就品嘗而言，可以享受到截然不同的口感體驗，只要深究其中的製作奧妙，就會對「蛋糕」二字，重新下個不同的註解。在多樣化的食材之下，以不同的操作手法完成，就可以呈現精采又豐富的蛋糕世界。

拜烘焙資訊發達之賜，吃蛋糕做蛋糕，已不再侷限於鬆軟綿細的組織或是單純口味的既定印象，只需掌握幾個基本製作方式，並搭配各式可運用的素材，就可以做出像是以香酥堅果製成的歐式蛋糕、甜蜜乾果組成的奶油蛋糕、新鮮蔬果提味的海綿蛋糕或是香醇巧克力調和的馬芬蛋糕，每一種都有不同的品嘗滋味。

也因為豐富的食材，更讓蛋糕特別具有多樣的風貌，只要搭配得宜、突顯風味，即能製作出各式口味的蛋糕，分別在不同的時令、不同的季節甚至特別的日子裡，盡情享受最美味的風味蛋糕。

 ## 蛋糕的特性

蛋糕的世界中，在不同的配方比例或是不同的製作方式下，就會出現濃稠不一的麵糊狀，最後經過高溫烘烤，便能呈現各式風味與口感迥異的蛋糕類別。

外觀上，由於製作過程中，如奶油經過攪打而拌入大量空氣，或是由打發的蛋白所製作，最後的成品均會呈現表面龜裂的現象，例如：各式戚風蛋糕及大理石蛋糕等。其次，藉由液體拌合法所製作的麵糊，雖然未經打發的過程，最後的成品外觀，則是取決於材料內添加泡打粉或小蘇打粉的多寡。

在組織及口感上的差異性大致如表：

蛋糕特性一覽表

種類	奶油蛋糕	全蛋海綿	戚風蛋糕
組織	最緊密，具光澤度	鬆發，最具彈性	水分含量高，組織鬆發有彈性
口感	最紮實，濃郁香醇的奶油味，屬於重口味的蛋糕	清爽綿細，具有明顯的蛋香味	除了細緻爽口外，較海綿蛋糕濕潤
種類	天使蛋糕	馬芬蛋糕	SP全蛋海綿蛋糕
組織	具潔白色澤，組織細密	紮實，有不規則的大小孔洞	較一般海綿蛋糕的色澤淡，組織最細密
口感	具韌性的口感，是熱量最低的蛋糕	鬆發、濕潤度高	最綿細

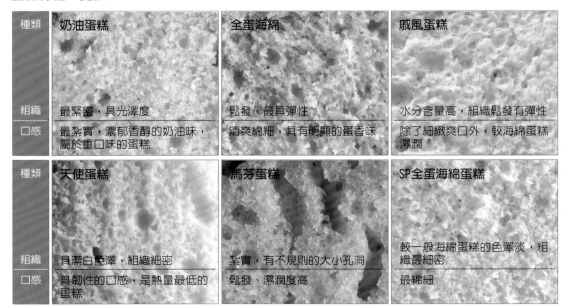

蛋糕的類別及其製作方式

依本書中的食譜，將各式的蛋糕及不同的製作方式，歸納如下：

奶油蛋糕

奶油蛋糕（Butter Cake），由固體的奶油製作而成，經過攪打後產生鬆發性的組織，分糖油拌合法及油粉拌合法兩種製作方式。

1. 糖油拌合法：由固體的奶油製作，放在室溫下軟化後，與細砂糖攪拌均勻，再分次加入蛋液或其他液體材料，用攪拌機快速打發，最後篩入粉料，再以橡皮刮刀以不規則方向拌合成麵糊狀。例如：金黃橙絲蛋糕、番薯全麥蛋糕及茄汁蔓越莓蛋糕等。

2. 油粉拌合法：由固體的奶油製作，放在室溫下軟化後，與過篩後的粉料用橡皮刮刀先稍微拌合，改用攪拌機由慢速至快速攪打成糊狀，再分次加入蛋液及細砂糖，繼續快攪均勻。例如：桂圓核桃蛋糕、家常巧克力小蛋糕及巧克力沙瓦琳等。

　　兩者比較→油粉拌合法比糖油拌合法的鬆發性要佳，組織及口感也較綿細。

海綿蛋糕

海綿蛋糕（Sponge Cake），顧名思義即是具有如海綿般的彈性特色，由蛋液與細砂糖打發後，產生鬆發性的組織，分為蛋糖拌合法及法式分蛋法兩種製作方式。

1. 蛋糖拌合法：全蛋與細砂糖用攪拌機由慢速至快速攪打，顏色由深慢慢變淺，再篩入粉料，接著加入液體材料，改用打蛋器輕輕的拌勻。例如：清蒸檸檬蛋糕、雞蛋糕及簡易蜂蜜小蛋糕等。

2. 法式分蛋法：全蛋分成蛋黃與蛋白後，將蛋黃與細砂糖先混合均勻，接著將蛋白與細砂糖攪打至九分發後，分次與蛋黃糊攪勻，最後篩入粉料，用橡皮刮刀拌勻。例如：法式海綿小蛋糕、清爽抹茶蛋糕及大理石抹茶蜂蜜蛋糕等。與戚風蛋糕的做法類似，差別僅在於乾料加入的先後順序。

　　兩者比較→蛋糖拌合法比法式分蛋法的觸感更具彈性，前者口感較綿細，後者較具韌性。

戚風蛋糕

戚風蛋糕（Chiffon Cake），原意是指如絲綢般的細緻，內含豐富的水分，同時藉由打發蛋白產生鬆發的組織特性。

1. 兩部拌合法：全蛋分成蛋黃與蛋白後，將蛋黃與細砂糖、粉料及液體材料先混合成均勻的蛋黃糊，接著將蛋白與細砂糖攪打至九分發後，再分次與蛋黃糊拌合均勻。例如：南瓜戚風蛋糕、藍莓乳酪戚風蛋糕等。

天使蛋糕

天使蛋糕（Angel Cake），內含大量的打發蛋白，不含蛋黃、油脂及其他液體材料。

1. 蛋白打發法：蛋白與細砂糖攪打至九分發後，再與過篩後的粉料攪拌均勻。例如：紅豆天使蛋糕。

簡易蛋糕

簡易蛋糕（Simple Cake），僅需將濕性與乾性材料個別先混合，再全部拌合成麵糊即可烘烤。

1. 液體拌合法：以液體油製作或將固體的奶油融化，再與其他液體材料攪拌均勻，最後加入粉料拌合。未經打發，完全以泡打粉或小蘇打粉當做鬆發劑，內部組織有不規則性的大小孔洞。例如：全麥葡萄乾馬芬、奶茶馬芬、金磚及鮮果糖漿蛋糕等。

> 馬芬（Muffin）
>
> 很美式的家常點心，做法簡單且隨性，舉凡各式新鮮蔬果、堅果、巧克力及鹹口味的材料都可應用，無論鹹或甜的製作，僅需將液體材料與乾性材料個別混合後再全部拌合成麵糊即可烘烤；為避免冷卻後組織變硬，失去馬芬該有的柔軟與濕潤，製作時最好使用液體油較佳。

蛋糕製作的要點

掌握幾項製作要點，在基本原則下，便可達到事半功倍的效果，並從中享受各式蛋糕的製作樂趣。

1 食材的運用：

毫無疑問的，選用好材料並搭配適當的製作方式，才能烘烤出美味的蛋糕。

a 依各式蛋糕的不同屬性，選用適當的油脂，才能達到蛋糕該有的特性，例如：天然的無鹽奶油製作奶油蛋糕，就比人造的酥油或白油風味好。然而選用液體油來製作馬芬蛋糕，才能維持蛋糕體的濕潤度與細緻。

b 如需要的食材無法取得，則必須以同屬性的材料做替換。例如：葡萄乾可改換成蔓越莓乾或是藍莓乾、榛果粉可換成杏仁粉、白蘭地橘子酒可換成蘭姆酒、檸檬汁可換成柳橙汁等。

2. 事前的準備：

a 製作前，確認一下製作方式，在「最佳」的狀態下，才可順利進行材料的拌合動作，奶油是該「軟化」（圖a）或是該「融化」（圖b），絕對影響製作過程中的「要求」。

b 各式蔬果類的切割、熬煮、糖漬需要事先完成，須待降溫後才可與其他材料拌合；而葡萄乾更需提前浸泡在蘭姆酒內，泡軟後才可增添風味。（圖c）

c 各式麵糊的特性或不同材質的烤模，會直接影響成品脫模的順利與否。

　• **需要抹油**→鋁合金製品（圖d）、鐵弗龍凹凸的

製品（圖e）。

- **需要鋪紙**→大面積成品，鋪紙才方便脫模。
  將大於烤模的蛋糕紙鋪在底部（圖f），並分別在四個角剪一刀口，即可將蛋糕紙的四邊向內摺成立體狀（圖g），另外烘烤奶油蛋糕類的麵糊，烤模鋪紙後（圖h），成品的外皮才不會過厚。
- **需要抹油撒粉**→麵糊溼度高，同時使用的是易沾黏的鋁製烤模。（圖i）

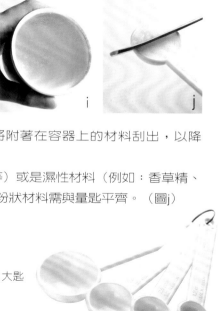

3. **精確的份量**：

  a 避免秤料的誤差過大，才不致於影響最後成品的應有特色與風味。最好選用以1公克為單位的電子秤，會比刻度的磅秤好用又精確。

  b 1個蛋的大小份量之差，往往影響蛋糕麵糊的濃稠度，因此，為降低誤差率，本書中的蛋液完全以「去殼後的淨重」來計量，除非像是液體拌合式的馬芬蛋糕，則較不受影響。

  c 較濃稠的液體材料，例如：蜂蜜、鮮奶油或是糖漿等，在與其他材料拌合時，需利用橡皮刮刀盡量將附著在容器上的材料刮出，以降低損耗率。

  d 通常量少的乾料（例如：泡打粉、小蘇打粉、可可粉等）或是濕性材料（例如：香草精、蘭姆酒等），則可利用標準量匙計量，但需注意乾性的粉狀材料需與量匙平齊。（圖j）
  標準量匙附有4個不同的尺寸：
  1大匙（1 Table spoon 即 1T）
  1小匙（1 tea spoon 即 1t）或稱 1茶匙
  1/2 小匙（1/2 tea spoon即 1/2t）或稱 1/2 茶匙
  1/4 小匙（1/4 tea spoon即 1/4t）或稱 1/4 茶匙
  本書使用的1/8小匙則取1/4小匙的一半即可。

  1大匙
  1小匙
  1/2小匙
  1/4小匙

4. **攪拌的方式**：

  無論何種蛋糕種類，必定是將濕性與乾性材料混合成不同濃稠度的麵糊，然而是否掌握製作中的方式與使用的工具，卻會影響蛋糕口感的優劣與成敗。

  a 橡皮刮刀→將濕性及乾性材料做初步的拌合，同時需以不規則的方向將材料拌合均勻，並可在拌合過程中徹底將沾黏在容器上的麵糊刮拌均勻。

  b 打蛋器→攪拌液體材料呈均勻狀，也可將奶油糊、蛋糕打發。

  c 電動攪拌機→打發糖油拌合法的奶油糊、油粉拌合法的麵糊或蛋白時可使用。

  d 手法→配合攪拌材料的特性，並慎用適當的工具，例如：液體材料加入奶油糊中，如一次加入的份量過多或攪打速度太慢，都會導致油水分離的現象（圖k）；因此，必須

分次加入並快速攪打,才會呈現攪拌均勻的
狀態。(圖l)

最後加入的乾性粉料,再利用橡皮刮刀搭配
切、壓、刮的拌合動作,絕不可任意利用工具
隨心所欲過度的、用力的攪拌,才不會讓麵糊
產生「筋性」。

5. 烤模的應用:

a 因不同的麵糊種類,來搭配適合的烤模,並在適當的時間內烘烤完成,才會得到最佳
品質的蛋糕。例如:需要膨脹空間的戚風蛋糕,就不適合以小型的烤模製作;紮實的
奶油蛋糕就需選用快速受熱的長條模或是小型烤模,才容易掌握火侯與時間,否則以
大型模具烘烤,時間過久,邊緣即會過厚且粗糙。另外,像是膨脹力較弱的奶油蛋糕
(例如:蔓越莓蛋糕、無花果楓糖蛋糕及香蕉巧克力蛋糕)也是以小模型烘烤為原則。

- 奶油蛋糕類:適合長條型烤模、小型紙模。
- 海綿蛋糕類:適合大尺寸的金屬烤模。
- 戚風蛋糕類:適合中空底部可活動的金屬烤模。
- 馬芬蛋糕類:適合小型紙模。
- 天使蛋糕類:適合中空的金屬烤模。

b 因應特殊含意或典故的蛋糕體,則需要特別選用具有其外型意義的造型烤模,例如:
雞蛋糕、金磚、咕咕霍夫、沙瓦琳巧克力及瑞士屋頂蛋糕等。

6. 烘烤的方式:

任何一種蛋糕體,均需掌握以下基本原則。

a 家庭一般烤箱,烘烤前約10~15分鐘,開始準備以平均上、下火約180°C預熱,成品受
熱才會均勻。

b 書中載明的溫度與時間,只是參考數據,烘烤者必須機動性的觀察自己的烤箱,了解
爐溫的特性,適時的「加長時間」與「調整溫度」。

c 必須依據並配合所使用的烤模大小,來決定調
整烘烤時間與溫度的高低。例如:原來使用長
條型烤模的奶油蛋糕,如改換成一般的小紙
模,則溫度必須調低且須縮短烘烤時間。

d 烘烤完成後,需即刻出爐,不可用餘溫繼續
燜,否則水分流失過多,而影響口感。

e 成品烘烤完成的特徵:

- 小尖刀插入蛋糕中央,完全沒有沾黏。(圖m)
- 用手輕拍蛋糕表面,具有明顯的彈性。(圖n)
- 一般外觀的上色程度,呈標準具賣相的金黃色。

(例外:除非是乳酪蛋糕或是刻意保持溼度高的蛋糕,則可在八、九分熟出爐)

 蛋糕的品嘗方式

　　根據不同風味的蛋糕特性，必須講究「冷食」或「熱食」的時機，同時還可恰如其分的搭配醬汁，才會品嘗出蛋糕豐富的口感。

- **冷食**：須待蛋糕體完全冷卻，經過一段時間後，內部組織的各種香氣才得以混合散發。例如：馬芬蛋糕類、各式酒香、水果風味的奶油蛋糕等。
- **熱食**：堅果、巧克力風味、重口味的蛋糕或鹹味蛋糕等，出爐待稍降溫後，趁熱即刻享用到濃純香的口感。例如：巧克力布丁蛋糕、焦糖蘋果蛋糕及薯泥起士馬芬等。
- **沾醬**：濃郁的食材所製作的蛋糕，可搭配酸性的鮮果醬汁或香草冰淇淋，一同食用，不但解膩還可提升多層次的口感。例如：鮮果糖漿蛋糕、紅蘿蔔蛋糕及法式小軟糕等都可搭配水果醬汁或檸檬糖醬；巧克力布丁蛋糕及瑞士屋頂蛋糕等都可搭配香草冰淇淋，增添絕佳風味。

 蛋糕的保存方式

　　恰當的保存方式，才可將蛋糕保持該有的溼潤度與風味，本書內的所有成品，除少部分的乳酪蛋糕可密封冷藏保存外，其餘的均屬於常溫型的蛋糕，僅需在冷卻後，放入保鮮盒內或是以塑膠袋包裹，放在室溫下保存即可。

送禮自用兩相宜的常溫小蛋糕

　　製作常溫型小蛋糕，最大的優點就是方便性，出爐後的成品，即是美味的呈現，不需要大費周章的裝飾、擠花等額外的動作，尤其當作送給朋友的伴手禮最為適合，不必遷就冷藏也不用擔心會變形，只要花點心思，稍加包裝一下，即能表達個人最大的誠意。

　　當蛋糕冷卻後，即可放入玻璃紙袋內，並以簡單的緞帶妝點一番，或是將各式大小不等的蛋糕，裝入紙盒內，利用個人方便取得的包裝素材，繫上美麗緞帶，或親手寫上一張小卡片，無論當作隨性的伴手禮還是重要日子的禮物，既輕鬆又簡單的可為自己的心意加分。（圖o＆圖p）

o

p

本書使用的模型參考

參考以下本書使用的各種烤模,根據應用的原則,或是個人取得的方便性來做變化或替換。

1
● 正方形慕斯框(上)
● 方形鐵弗龍烤模(下)

> 適合各式的海綿蛋糕。

2
● 鐵弗龍鹿背烤模(右)
● 鐵弗龍屋頂烤模(左)

> 適合各式的奶油蛋糕(磅蛋糕)。

3
● 半圓形雞蛋糕烤模

> 適合全蛋式的海綿蛋糕。

4
● 直徑6吋圓形底部固定式與底部活動式烤模

> 適合戚風蛋糕、各式海綿蛋糕及乳酪蛋糕等。

5
● 咕咕霍夫烤模

> 適合各式奶油蛋糕。

6
● 中空5吋固定烤模

> 適合各式奶油蛋糕、海綿蛋糕及天使蛋糕。

7
● 金磚烤模(前)
● 半圓形小鋁模(中)
● 圓形小矮模(後)

> 金磚烤模適合液體拌合法的奶油蛋糕(製作金磚蛋糕的必要烤模)、半圓形小鋁模適合各式奶油蛋糕、圓形小矮模適合各式奶油蛋糕及乳酪蛋糕等。

8 ●鐵弗龍馬芬烤模

> 適合各式馬芬或是奶油蛋糕，最好再另外套
> 上一張紙製烤模。

9 ●耐高溫的矽利康烤模
沙瓦琳烤模（上）
半圓形烤模（下）

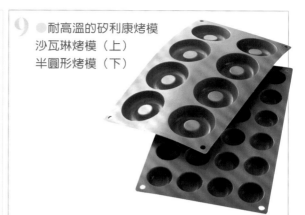

> 適合各式奶油蛋糕，半圓形烤模為法式小軟糕
> 的專用烤模、沙瓦琳烤模則為各式沙瓦琳蛋糕
> 的專用烤模。

10 ●8吋圓形中空底部活動
式烤模

> 適合戚風蛋糕或海綿蛋糕。

11 ●鯛魚燒烤模

> 適合各式液體拌合法的蛋
> 糕。

12 ●長條型烤模

> 適合磅蛋糕或各式奶油蛋糕。

13 ●耐高溫的塑膠烤模

> 適合各式奶油蛋糕。

14 ●馬芬紙模

> 適合各式馬芬蛋糕或各式奶
> 油蛋糕。

15 ●固定小圓蛋糕模

> 適合各式奶油蛋糕。

16 ●小鋁模

> 適合各式奶油蛋糕。

17 ●紙製小矮模

> 適合各式奶油蛋糕。

18 ●紙製小矮模

> 適合各式奶油蛋糕。

19 ●造型小矮模

> 適合各式奶油蛋糕。

20 ●紙製小花模

> 適合各式奶油蛋糕。

21 ●長條型紙製矮模

> 適合各式奶油蛋糕。

22 ●大面積的小蛋糕模

> 適合各式奶油蛋糕。

本書使用的食材

以下是本書所使用的食材，請參考應用並了解其特性，有助於做出美味的蛋糕。

糖類　細砂糖

主要的各式西點甜味劑，顆粒細小，較容易融化及攪拌。

糖類　金砂糖（Brown Sugar）

又稱二砂糖，添加在糕點中當作甜味劑外，還有上色效果。

糖類　糖粉（Icing Sugar）

呈白色粉末狀，有些市售的糖粉內含少量的玉米粉，以防止結粒，易溶於液體中。

糖類　紅糖

又稱黑糖，有濃郁的焦香味，使用前需先過篩。

糖類　粗砂糖

顆粒較粗，常用在成品的裝飾。

糖類　糖蜜（Molasses）

又稱黑糖蜜，呈濃稠的黑色糖漿，常用在重口味的蛋糕或餅乾的製作。

糖類　楓糖（Maple Syrup）

是由楓汁液萃取而成，具有特殊香氣，除一般用在鬆餅（Pancake）調味外，還可當作各式西點的甜味劑。

糖類　蜂蜜（Honey）

天然的甜味劑，添加在蛋糕中，除了有特殊香氣並具保濕及上色效果。

糖 類	果糖 （Fructose）

呈透明狀，水分含量較高的液體糖漿。

粉 類	低筋麵粉 （Cake Flour）

製作蛋糕及餅乾的主要粉料，容易吸收空氣中的濕氣而結粒，使用前必須先過篩。

粉 類	全麥麵粉 （Whole Wheat Flour）

低筋麵粉內添加麩皮，除用在蛋糕或麵包內，還常用在餅乾的製作，增添風味，另有不同的咀嚼口感。

粉 類	杏仁粉 （Almond Powder）

由整粒的杏仁豆研磨而成，呈淡黃色，無味，常添加在蛋糕或餅乾中豐富口感與風味。

粉 類	玉米粉 （Corn Starch）

呈白色粉末狀，具有凝膠的特性，除用在布丁製作外，添加在蛋糕內，可讓麵糊筋性減弱，蛋糕組織棉細。

粉 類	奶粉

常用在蛋糕、麵包或餅乾，增加產品風味。

粉 類	椰子粉

椰子粉由椰子果實製成，加工後有不同的粗細，含食物纖維，常用於烘焙中增加風味。

粉 類	芝麻粉

由熟的黑芝麻研磨而成，市售的有含糖與不含糖兩種，製作蛋糕時，選用不含糖的為宜。

粉 類	榛果粉 （Hazelnut Powder）

由榛果加工而成的粉末狀，常用於西式蛋糕及慕斯的餡料，味道濃郁。

膨鬆劑
泡打粉
（Baking Powder）

簡稱B.P.，呈白色粉末狀，是製作蛋糕及餅乾的化學膨大劑，使用時與麵粉一起過篩較均勻，經受熱後產生膨鬆效果。

 膨鬆劑
小蘇打粉
（Baking Soda）

簡稱B.S.，呈白色粉末狀，為鹼性的化學添加劑，可與酸性食材產生中和作用。

 膨鬆劑
塔塔粉
（Cream of Tartar）

呈白色粉末狀，是打發蛋白時的添加物，屬於酸性物質，使打發的蛋白具光澤、細緻感。

 膨鬆劑
SP乳化劑

製作蛋糕時的添加劑，促進油、水乳化結合及安定性，以達到蛋糕組織的鬆發與棉細的效果。

 膨鬆劑
即溶發酵粉
（Instant Dry Yeast）

又稱快速酵母粉，用於麵包、包子等各式發麵類的點心中，可直接與其他材料混合攪拌使用，必須冷藏保存，一般烘焙材料店均有售。

 乳製品
無鹽奶油
（Unsalted Butter）

為天然的油脂，由牛奶提煉而成，製作各式西點時通常使用無鹽奶油，融點低，需冷藏保存。

 乳製品
鮮奶

使麵糊或麵糰增加濕潤度，選用時全脂或低脂均可。

 乳製品
動物性鮮奶油
（Whipped Cream）

為牛奶經超高溫殺菌製成（UHT），內含乳脂肪，不含糖，常用於慕絲或西餐料理上，風味香醇口感佳。

 乳製品
煉奶
（Sweetened Condensed Milk）

呈乳白色濃稠狀，由新鮮牛奶蒸發提煉製作，內含糖分，使麵糊或麵糰增加濕潤度。

乳製品 原味優格

牛奶發酵製成的市售產品，呈固態狀，有各式口味，製作西點時，宜選用原味的較佳。

乳製品 奶油乳酪
（Cream Cheese）

牛奶製成的半發酵新鮮乳酪，常用來製作乳酪蛋糕或慕絲，使用前需先從冷藏室取出回軟。

乳製品 切達起士
（Chaddar Cheese）

呈薄片狀，除用在三明治的製作外，可應用在各式西點中，增添濃郁的起士風味。

堅果類 杏仁角

烘焙食品常用的堅果，是由整顆的杏仁豆加工切成的細粒狀。

堅果類 核桃
（Walnut）

烘焙食品常用的堅果，添加在麵糊或麵糰中，最好先烤10分鐘，讓內部水分烘乾再使用。

堅果類 白芝麻

烘焙食品常用的加味食材，如要添加在麵糰或麵糊中，則需先烤過才會釋放香氣，如放在產品表面，則不需烤過。

堅果類 黑芝麻

烘焙食品常用的加味食材，如要添加在麵糰或麵糊中，則需先烤過才會釋放香氣，如放在產品表面，則不需烤過。

堅果類 杏仁片

是由整顆的杏仁豆切片而成。

堅果類 杏仁豆
（Almond）

是糕點中常用的堅果食材，富含油脂。

＊所有的堅果都需冷藏保存。

堅果類 南瓜子仁

呈綠色，口感酥脆，是糕點中常用的堅果食材之一，富含油脂。

堅果類 葵瓜子仁

呈灰色，口感酥脆，是糕點中常用的堅果食材之一，富含油脂。

堅果類 開心果粒（Pistachio）

含豐富的葉綠素，果實呈深綠色，屬高價位的食材，常用於烘焙中或西點裝飾。

堅果類 夏威夷豆（Macadamia）

是油脂含量高的堅果，口感酥脆，用於烘焙中或西點裝飾，必須冷藏保存。

巧克力類 水滴形巧克力豆（Chocolate Chips）

進口產品，呈水滴形，微甜、耐高溫，經烘烤後也不易融化，最好選用小型顆粒來使用較佳。

巧克力類 白巧克力

國產品，有奶香味，常用的烘焙食材，切碎後再隔水加熱較易融化成液體。

巧克力類 苦甜巧克力（鈕釦狀）

進口貨，一般可買到內含可可脂約在48~70%，可可脂含量越高則品質越好。塊狀苦甜巧克力需切碎再隔水加熱融化，選購顆粒型的鈕扣狀較為方便。

加工的蔬果類 蔓越梅乾

口感微酸微甜，呈暗紅色，常添加在麵包或蛋糕內，增加風味，如顆粒過大，使用前可先切碎。

加工的蔬果類 葡萄乾

常添加在麵包或蛋糕內，使用前需用蘭姆酒泡軟以增加風味，如要添加在餅乾內，最好先切碎，否則烘烤後的口感會太硬。

加工的 蔬果類 **糖漬桔皮丁**	加工的 蔬果類 **杏桃乾**	加工的 蔬果類 **去子加州梅**（Pitted Prunes）

桔皮經過糖蜜加工所製成，微甜並有香橙味，常添加在麵包、蛋糕或餅乾麵糰中，增添風味。	新鮮杏桃經糖漬加工製成，口感軟Q，使用前需切碎再添加在各式麵糰中，增添風味。	進口產品，新鮮加州梅糖漬加工製成，使用前需先切碎。

加工的 蔬果類 **小藍莓乾**	加工的 蔬果類 **無花果乾**	加工的 蔬果類 **糖漬栗子**

為進口的果乾，內含花青甘色素（Anthocyanin），可幫助強化視力，亦富含維他命C、E、β-胡蘿蔔素等，營養豐富，非常適用於各式西點中。	由新鮮的無花果糖漬加工製成，口感軟Q風味甘甜，含多種維他命、纖維質及微量元素，在一般的烘焙材料店或有機商店有售，非常適用於各式西點中。	由新鮮的栗子熬煮糖漬而成，市售的分為金黃色與咖啡色兩種不同的品種，口感鬆軟香甜，都可適用於烘焙西點中。

加工的 蔬果類 **蜜紅豆**	加工的 蔬果類 **椰奶**	穀物類 **即食燕麥片**

即市售的蜜紅豆，經熬煮蜜漬過後，完整的顆粒狀，應用在蛋糕或麵包內，非常適合且美味。	椰奶（Coconut Milk）由椰肉研磨加工而成，含椰子油及少量纖維質，常用於甜點中增加風味。	加入滾水中即可食用，還可添加在各式西點內，豐富產品的組織與增添風味。

穀物類 玉米片
（Corn Flakes）

口感酥脆，呈薄片狀，常用在與牛奶混合的早餐食物。添加在餅乾或蛋糕內，增加不同的風味與咀嚼口感。

穀物類 大燕麥片

加入滾水中即可食用，還可添加在各式西點內，豐富產品的組織與增添風味。

穀物類 紫米

又稱黑糯米，具健脾、補血功效，營養價值高，使用前需用水浸泡過，才容易煮至軟爛。

香草辛香料 新鮮迷迭香

香草植物的一種，味道濃郁，除用在肉類料理外，添加在麵包、蛋糕或餅乾內，有明顯的香氣。

香草辛香料 香草豆莢
（Vanilla）

蘭科藤類植物，具豐富香醇的味道，常用在奶製品的點心中增加香氣，並突顯甜味的效果。

香草辛香料 咖哩粉

除了製作中式料理之外，可添加在蛋糕中，成為辛香風味的特殊口感。

香草辛香料 粗黑胡椒粉

除了用在中、西式料理調味外，添加在蛋糕中，成為辛香辣味的口感。

香草辛香料 肉桂粉
（Cinnamon Grond）

又稱「玉桂粉」，屬於味道強烈的辛香料，能使糕點類產品提味或調味。

香草辛香料 丁香粉
（Clove Powder）

呈咖啡色的粉末狀，常用於西式料理的調味。

丁香粒
（Clove Buds）

係以丁香樹之花苞乾燥而成，味道濃郁，通常用於肉類醃漬或是西點中調味用。

荳蔻粉
（Ground Nutmeg）

西點中常見的添加香料，也常用來製作肉類的醃漬或是湯品的調味香料。

番茄糊
（Tomato Paste）

是番茄的加工製品，呈濃稠的糊狀物，常用於西餐料理中，用於西點中可突顯番茄風味。

味噌

即一般日式料理中的調味食材，為米及大豆釀造的加工食品，略有鹹味，盡量選購質地細緻的來製作蛋糕較佳。

味醂
（Mirin）

糯米、果糖及釀造醋製成，多用於日式料理調味用，也適合用在蛋糕體中調味。

紅麴

糯米及釀酢等製成的料理醬，常用於各式料理的調味或醃漬用，一般超市即有販售。

抹茶粉

抹茶粉含兒茶素、維生素C、纖維素及礦物質，為受歡迎的健康食材，常添加在西點中，增加風味與色澤。

無糖可可粉

內含可可脂，不含糖，口感帶有苦味，常用於各式西點的調味或裝飾，使用前必須先過篩。

即溶咖啡粉

製作咖啡風味的各式西點的添加食材，加水或牛奶調勻後，即可直接使用。

各式加味料 紅茶包

除與滾水沖泡作為飲料外，還可調成濃縮液添加在糕點內調味。

各式加味料 顆粒花生醬

內含油脂及花生碎顆粒，除塗抹吐司食用外，還可添加在各式糕點內，增加風味。

各式加味料 酒漬櫻桃

呈完整顆粒狀，新鮮櫻桃浸在櫻桃白蘭地中製成，酒香味非常濃郁，常用於各式蛋糕或慕絲的夾心及裝飾。

各式加味料 海苔芝麻粉

市售的產品，內含海苔片與黑、白芝麻及調味料，除直接當作佐餐食材外，還可添加在各式西點中調味，增加風味。

各式加味料 濃縮蘋果醋

由蘋果汁、糯米醋、果糖及蜂蜜加工製成，適合用於各式西點中調味，或是稀釋後直接飲用。

各式加味料 百香果濃縮醋

新鮮百香果與釀造醋調製而成，適合用於各式西點中調味，或是稀釋後直接飲用。

各式加味料 香草精

添加在各式西點中，可去除蛋腥味並增添口感的味道。較天然的香草精是由香草豆（Vanilla）粹取而成，價位高，而化學調味者則價位較低廉。

檸檬

通常將綠皮刨成細絲或屑狀，加在烘焙產品中調味，而檸檬汁通常添加在慕斯或蛋糕內，以增加風味。

各式
水果 **柳橙（或香吉士）**

與檸檬使用方法相同，進口的香吉士外皮或果汁顏色較鮮豔，製作的效果較好。

其他類 **杏桃果膠**

杏桃果膠是從水果中抽取而來的膠質，常用於慕斯蛋糕表面的裝飾，具光澤效果，使用前須加水煮至融化。

各式
水果 **美國加州蜜棗**
（Plum）

成熟後為深紫色的果皮、琥珀色的果肉，汁多甜美，無論新鮮的或是乾果式的蜜棗，除直接食用外，均可當作烘焙用的材料，含豐富的維他命C與纖維質。

各式
水果 **青蘋果**

直接食用時，口感較酸，但是具有耐煮、耐熬的特性，適合用來製作各式西點。

其他類 **鏡面果膠**

常用於慕斯蛋糕表面的裝飾，具光澤效果，稍微加熱攪拌，呈流質狀即可直接使用。

市售的
餅乾 **OREO餅乾**

市售的餅乾，除直接食用外，磨碎後常用來當作乳酪蛋糕或慕斯墊底；使用前需先將夾心糖霜取出，只使用餅乾本身即可。

市售的
餅乾 **蛋捲**

市售的餅乾，有各式口味，味道香酥可口含濃郁蛋香味，除直接食用外，原味蛋捲磨碎後也可用來當作乳酪蛋糕的墊底。

市售的
餅乾 **奇福餅乾**

市售餅乾，除直接食用外，也可磨碎當作乳酪蛋糕或慕斯墊底。

蘋果白蘭地
（Clalvados）

產地是法國，酒精濃度為40％的蒸餾酒，常用於各式西點中調味。

 蘭姆酒
（Rum）

酒精濃度40％，是以甘蔗為主要原料所製成的一種蒸餾酒，多用於各式西點中調味用。

 白蘭地桔子酒
（Grand Marnier）

具香橙的風味，酒精含量40％，適合添加在各式水果風味的醬汁、慕斯、蛋糕、冰淇淋及奶製品中調味，是製作西點時最常添加的高級水果香甜酒，也是雞尾酒中的調味用酒。

 貝禮詩香甜奶酒
（Irish Cream）

酒精濃度為17％的香甜奶酒，由愛爾蘭威士忌、奶油及可可製成，可添加在堅果、奶製品及咖啡風味的慕斯或醬汁中，也適合加冰塊直接飲用。

小草從土裡冒出頭，花朵也準時綻放了，
就在一年的啟始，許下未來的心願。
上街買了新鮮的食材回家，翻開食譜，
把春光釀進蛋糕裡吧。
甜蜜鮮果口味和百變乳酪口味，
都讓心底有了喜孜孜的甜意。

春季蛋糕。賞味

由簡易式的馬芬蛋糕做起，提高興致與加強信心，再從周邊可應用的食材，充分變化並發揮美味的想像，做個「蛋糕達人」，滿足自己及身邊的所有人。

○ 蛋糕的口味　各式甜蜜的鮮果滋味及風味百變的乳酪蛋糕。
○ 蛋糕的類別　馬芬、家常的奶油蛋糕。
○ 蛋糕的特性　各式鮮果的搭配突顯馬芬口感的濕潤特性，小型又家常式的製作，易掌握又好變化。

甜蜜鮮果口味

液體拌合法

全麥葡萄乾馬芬

材料 ▶

葡萄乾100克　蘭姆酒80克　全蛋2個
金砂糖（二砂糖）100克　沙拉油100克
牛奶120克　香草精1/2 小匙
低筋麵粉160克　　泡打粉2小匙
全麥麵粉40克

做法 ▶

1 葡萄乾加蘭姆酒泡軟備用。（圖a）

2 全蛋加金砂糖用打蛋器攪勻（圖b），再加入
沙拉油攪拌均勻（圖c）。

3 分別加入牛奶及香草精，繼續攪成均勻的液
體狀（圖d）。

4 低筋麵粉與泡打粉一起過篩，再加入做法3
中，接著加入全麥麵粉（圖e），改用橡皮刮
刀以不規則方向攪拌呈均勻的麵糊。（圖f）

5 將泡軟的葡萄乾擠乾後加入（圖g），繼續用
橡皮刮刀輕輕拌勻。

6 用湯匙將麵糊舀入紙模內約八分滿。（圖h）

7 烤箱預熱後，以上火190℃、下火180℃烘
烤約25～30分鐘左右。

參考份量

直徑7cm 高4cm 紙模約8個

孟老師時間

★ 葡萄乾在使用前，需以蘭姆酒浸泡最少30分鐘以
上，浸泡越久風味越佳。

★ 葡萄乾也可用蔓越莓乾
代替。

★ 馬芬的麵糊，僅需將
乾、濕材料混合即可，
麵糊仍然呈現小顆粒狀
（圖i）；烘烤前將麵糊
蓋上保鮮膜放在室溫下
靜置約30分鐘，麵糊即
會光滑細緻。

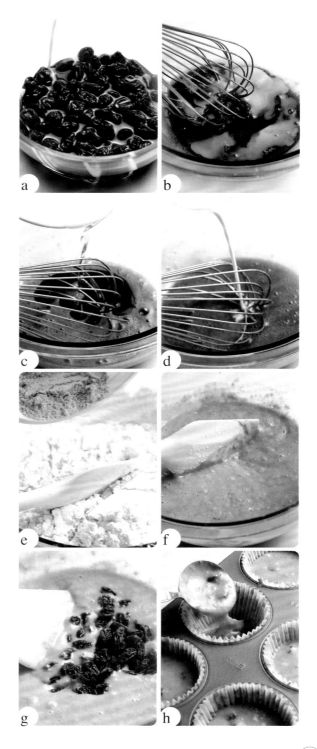

a

b

c

d

e

f

g

h

i

OS: 加了全麥麵粉，讓單純的葡萄乾口味變得很耐人尋味。

參考份量

直徑 7cm 高 4cm
紙模約8個

香蕉核桃馬芬

液體拌合法

材料 ▶ 熟香蕉2根　全蛋2個　細砂糖80克　沙拉油170克
牛奶60克　檸檬皮屑1小匙　檸檬汁2小匙
低筋麵粉200克　泡打粉1小匙　小蘇打粉1/2小匙
碎核桃60克

做法 ▶

1 熟香蕉切碎備用。

2 全蛋加細砂糖用打蛋器攪勻，再加入沙拉油攪拌均勻。

3 加入牛奶，繼續攪成均勻的液體狀。

4 刨入檸檬皮屑，並加入檸檬汁，接著加入切碎的熟香蕉，用橡皮刮刀攪拌均勻。

5 低筋麵粉、泡打粉及小蘇打粉一起過篩，再加入做法4中，改用橡皮刮刀以不規則方向輕輕攪拌呈均勻的麵糊。

6 用湯匙將麵糊舀入紙模內約七分滿，並在麵糊表面放上適量的碎核桃。

7 烤箱預熱後，以上火190℃、下火180℃烘烤約25～30分鐘左右。

孟老師時間

★ 一根香蕉去皮後約100克左右，宜選熟透的來製作，風味較佳。

★ 麵糊的攪拌方式，請參考P.33全麥葡萄乾馬芬的做法。

★ 可利用擦薑板磨出檸檬的皮屑，但需注意盡量取綠色表皮部分，不要刮到白色筋膜，以免苦澀。

OS: 香蕉與核桃的香氣截然不同，同時並存，口感與風味更顯豐富與協調。

蜂蜜桔皮馬芬

最佳賞味 室溫保存，一天後品嘗

液體拌合法

材料 ▶ 全蛋1個　蜂蜜35克　沙拉油70克　牛奶30克
柳橙汁15克　低筋麵粉100克　泡打粉1小匙
糖漬桔皮丁35克

做法 ▶

1 全蛋加蜂蜜用打蛋器攪勻，再加入沙拉油攪拌均勻。

2 分別加入牛奶及柳橙汁，繼續攪成均勻的液體狀。

3 低筋麵粉與泡打粉一起過篩，再加入做法2中，改用橡皮
刮刀以不規則方向輕輕攪拌呈均勻的麵糊。

4 加入糖漬桔皮丁，繼續用橡皮刮刀輕輕拌勻。

5 用湯匙將麵糊舀入紙模內約八分滿。

6 烤箱預熱後，以上火190℃、下火180℃烘烤約25～30分
鐘左右。

參考份量

直徑6cm　高4cm

紙模約5個

孟老師時間

★蜂蜜可用市售的果糖
代替。

★麵糊的攪拌方式，請
參考P.33全麥葡萄乾
馬芬。

OS: 雖然蜂蜜可用液態果糖代替，但是風味絕對略遜一籌。　35

金黃橙絲蛋糕

材料 ▶ 無鹽奶油80克　細砂糖70克　全蛋1個
　　　柳橙汁1大匙　柳橙1個　玉米粉10克
　　　低筋麵粉50克　泡打粉1/2小匙
　　　杏仁粉15克　糖漬桔皮丁40克

做法 ▶

1 無鹽奶油在室溫軟化後（圖a），加細砂糖用
　攪拌機攪拌均勻。（圖b）

2 分次加入全蛋，以快速方式攪勻（圖c），接
　著加入柳橙汁繼續快攪均勻。（圖d）

3 刨入柳橙皮絲。（圖e）

4 同時篩入玉米粉、低筋麵粉及泡打粉（圖
　f），接著加入杏仁粉，改用橡皮刮刀以不規
　則方向稍微拌合。（圖g）

5 加入糖漬桔皮丁（圖h），繼續用橡皮刮刀輕
　輕拌勻。

6 用橡皮刮刀將麵糊刮入紙模內約八分滿。
　（圖i）

7 烤箱預熱後，以上火190℃、下火180℃烘
　烤約15～20分鐘左右即可。

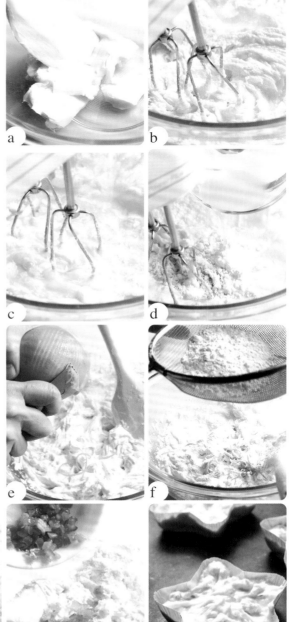

參考
份量

□7.5cm □2cm
星形紙模約7個

孟老師時間

★ 橙汁是利用市售現成的
　純果汁，或以進口的香
　吉士來製作均可。

★ 也可改用擦薑板，將柳
　橙外皮刮成屑狀；無論
　刮成絲狀或是屑狀，盡
　量取表皮部分，不要刮
　到白色筋膜，以免苦
　澀。

最佳賞味 室溫保存，冷食

糖漬蘋果蛋糕

材料 ▶

A 糖漬蘋果：青蘋果1個　細砂糖30克
蘋果白蘭地（Calvados）1大匙

B 蛋糕體：無鹽奶油90克　細砂糖80克
全蛋1個　低筋麵粉130克
泡打粉1/2小匙　蘋果20克（去皮後）
檸檬汁1/2 小匙

C 裝飾：糖粉適量

做法 ▶

1 糖漬蘋果：青蘋果去皮去籽後切成小塊狀，
加入細砂糖及蘋果白蘭地用小火煮至蘋果成
透明狀。（圖a &圖b）

2 無鹽奶油在室溫軟化後，加細砂糖用攪拌機
攪拌均勻。

3 分次加入全蛋，再繼續用攪拌機以快速方式
攪勻。

4 同時篩入低筋麵粉及泡打粉，改用橡皮刮刀
稍微拌合（圖c），即可用擦薑板磨入蘋果果
泥（圖d）並加入檸檬汁，繼續用橡皮刮刀
以不規則方向輕輕拌勻呈麵糊狀。

5 用橡皮刮刀將1/2的麵糊刮入模型內，並將
麵糊抹平，接著填入糖漬蘋果（圖e）。

6 將剩餘的麵糊刮入並抹平。

7 烤箱預熱後，以上火180℃、下火190℃烘
烤約30～35分鐘左右。

8 蛋糕放涼後，篩些糖粉裝飾。

a　b

c　d

e

孟老師時間

★ 麵糊的攪拌方式，請參考P.37金黃橙絲蛋糕的做
法。

★ 青蘋果1個，去皮去籽後先取約20克，留作蛋糕
體內所需的蘋果泥。

★ 如蘋果白蘭地無法取得，也可用蘭姆酒（Rum）
代替。

★ 蛋糕出爐後，組織尚未定型，須待降溫後再脫
模，較不易造成蛋糕鬆散而破裂。

★ 鐵弗龍烤模因呈凹凸的平面，使用前仍要抹油撒
粉，較易脫模。

參考份量

▣22.5cm ▣7cm ▣5cm 鹿背型烤模1個

藍莓乾優格馬芬

液體拌合法

最佳賞味 室溫保存，一天後品嘗

材料▶ 全蛋2個　細砂糖100克　沙拉油120克　牛奶70克
原味優格160克　低筋麵粉200克　泡打粉2小匙
小蘇打粉1/4小匙　藍莓乾100克

做法▶

1 全蛋加細砂糖用打蛋器攪勻，再加入沙拉油攪拌均勻。

2 分別加入牛奶及原味優格，繼續攪成均勻的液體狀。

3 低筋麵粉、泡打粉及小蘇打粉一起過篩，再加入做法2
中，改用橡皮刮刀以不規則方向輕輕攪拌呈均勻的麵糊。

4 加入藍莓乾，用橡皮刮刀輕輕拌勻。

5 用湯匙將麵糊舀入紙模內約七分滿。

6 烤箱預熱後，以上火190℃、下火180℃烘烤約25～30分
鐘左右。

參考份量

直徑 6.5cm　高 4.5cm
紙模約10個

孟老師時間

★ 麵糊的攪拌方式，請
參考P.33的全麥葡萄
乾馬芬的做法。

★ 藍莓乾可用新鮮的進
口藍莓代替，製作方
式相同。

★ 全蛋加細砂糖用打蛋
器攪勻，而細砂糖尚
未完全融化即可加入
沙拉油。

 OS: 藍莓乾與優格的搭配，不是葡萄乾可取代的。

最佳賞味 室溫保存，一天後品嘗

蔓越莓玉米片馬芬

液體拌合法

材料 ▶ **A** 無鹽奶油20克　玉米片30克
　　　 B 全蛋2個　蜂蜜80克　沙拉油100克　柳橙汁50克
　　　　　 低筋麵粉160克　泡打粉1小匙　小蘇打粉1/2小匙
　　　　　 蔓越莓乾60克

做法 ▶

1 材料A的無鹽奶油以隔水加熱或微波加熱方式將奶油融化後，
　與玉米片混合均勻備用。

2 材料B的全蛋加蜂蜜用打蛋器攪勻，再加入沙拉油攪拌均勻。

3 在做法2中加入柳橙汁，繼續攪成均勻的液體狀。

4 低筋麵粉、泡打粉及小蘇打粉一起過篩，再加入做法3中，改
　用橡皮刮刀以不規則方向輕輕攪拌呈均勻的麵糊。

5 加入蔓越莓乾，繼續用橡皮刮刀輕輕拌勻。

6 用湯匙將麵糊舀入紙模內約七分滿，並在麵糊表面放上適量
　的做法1的奶油玉米片。

7 烤箱預熱後，以上火190°C、下火180°C烘烤約25～30分鐘左
　右。

參考份量

⬜ 6.5cm　⬜ 4.5cm
紙模約8個

孟老師時間

★馬芬表面的玉米
　片，沾裹奶油可
　增加香氣與色
　澤。

★麵糊的攪拌方
　式，請參考P.33
　全麥葡萄乾馬芬
　的做法。

OS: 營養又優質的蔓越莓運用在各式蛋糕內，是繼葡萄乾後的熱門食材。

最佳賞味 室溫保存，冷食

無花果楓糖蛋糕 （油粉拌合法）

材料 ▶ 無花果乾55克　蛋黃1個　全蛋1個
無鹽奶油60克　低筋麵粉50克
泡打粉1/4小匙　榛果粉10克
楓糖25克

做法 ▶

1 無花果乾切成細條狀（圖a）、蛋黃加全蛋放在同一容器內備用。

2 無鹽奶油在室溫軟化後，同時篩入低筋麵粉及泡打粉，先用橡皮刮刀稍微拌合。（圖b）

3 改用攪拌機由慢速至快速攪拌均勻（圖c），呈光滑細緻的糊狀。（圖d）

4 分次加入蛋黃及全蛋，快速攪拌均勻。（圖e）

5 加入榛果粉攪勻（圖f），接著加入楓糖，繼續用攪拌機快攪均勻。（圖g）

6 加入無花果乾（圖h），改用橡皮刮刀輕輕的拌勻。

7 用橡皮刮刀將做法6的麵糊刮入紙模內約八分滿。（圖i）

8 烤箱預熱後，以上火180℃、下火180℃烘烤約20～25分鐘左右。

參考份量

📏 7.5cm 📏 5.5cm 📏 2.5cm
橢圓紙模約6個

孟老師時間

★ 奶油與粉料用機器攪打前，需先用橡皮刮刀稍微拌合，以免直接使用攪拌機快速攪打而使粉料飛散。

★ 如無法取得榛果粉，可用杏仁粉代替。楓糖則可改用蜂蜜或果糖等液體糖漿代替，但不同的糖漿，成品的風味即有些差異。

杏桃椰香馬芬

液體
拌合法

材料 ▶ 杏桃乾100克　全蛋2個
　　　細砂糖100克　沙拉油100克
　　　椰奶200克　椰子粉100克
　　　低筋麵粉160克　泡打粉1/4小匙
　　　小蘇打粉1/8小匙

裝飾 ▶ 椰子粉5克

做法 ▶

1 杏桃乾切成細條狀備用。

2 全蛋加細砂糖用打蛋器攪勻，再加入沙
　拉油攪拌均勻。

3 加入椰奶，繼續攪成均勻的液體狀。

4 加入椰子粉，改用橡皮刮刀拌勻。

5 低筋麵粉、泡打粉及小蘇打粉一起過
　篩，再加入做法4中，改用橡皮刮刀以
　不規則方向輕輕攪拌呈均勻的麵糊。

6 加入杏桃乾，用橡皮刮刀輕輕拌勻。

7 用湯匙將麵糊舀入紙模內約七分滿，並
　在麵糊表面撒上適量的椰子粉。

8 烤箱預熱後，以上火190℃、下火180
　℃烘烤約25～30分鐘左右。

**參考
份量**

直徑6.5cm　高5cm　紙模約8個

孟老師時間

★麵糊的攪拌方式，請參考P.33全麥葡萄乾馬
　芬的做法。

★杏桃乾可用其他的乾燥水果代替，例如：鳳
　梨乾或無花果。

★全蛋加細砂糖用打蛋器攪勻，而細砂糖尚未
　完全融化即可加入沙拉油。

OS: 椰奶的特有香氣與蛋乾Q甜蜜的香桃乾，很春天的滋味。

南瓜馬芬 液體拌合法

材料 ▶ 葡萄乾60克　蘭姆酒60克　全蛋2個
細砂糖100克　鹽1/4小匙　沙拉油100克
蒸熟的南瓜泥200克　牛奶70克
低筋麵粉160克　肉桂粉1/2小匙　泡打粉1小匙
小蘇打粉1/2小匙

做法 ▶

1 葡萄乾加蘭姆酒泡軟備用。（如P.33 全麥葡萄乾馬芬的圖a）

2 全蛋加細砂糖及鹽用打蛋器攪勻，再加入沙拉油攪拌均勻。

3 加入蒸熟的南瓜泥用打蛋器攪散，再加入牛奶繼續攪成均勻的液體狀。

4 低筋麵粉、肉桂粉、泡打粉及小蘇打粉一起過篩，再加入做法3中，改用橡皮刮刀以不規則方向輕輕攪拌呈均勻的麵糊。

5 將泡軟的葡萄乾擠乾後加入，用橡皮刮刀輕輕拌勻。

6 用湯匙將麵糊舀入紙模內約七分滿。

7 烤箱預熱後，以上火190℃、下火180℃烘烤約25～30分鐘左右。

參考份量

▢6.5cm ▯5cm 紙模約8個

孟老師時間

★ 麵糊的攪拌方式請參考P.33全麥葡萄乾馬芬的做法。

★ 南瓜泥200克的份量是去皮後的淨重，切成小塊後蒸至軟爛，趁熱用叉子壓成泥狀。

★ 全蛋加細砂糖及鹽用打蛋器攪勻，而細砂糖尚未完全融化即可加入沙拉油。

OS: 藉由甜蜜的葡萄乾與香料增添風味後，使得單調的南瓜口味加分不少。

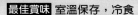

最佳賞味 室溫保存，冷食

油粉
拌合法

甜蜜相思蛋糕

材料 ▶ 無鹽奶油80克
低筋麵粉100克
泡打粉1/2小匙　全蛋70克
細砂糖40克　味醂1/2小匙
蜂蜜2大匙　蜜紅豆100克

做法 ▶

1　無鹽奶油在室溫軟化後，同時篩
　　入低筋麵粉及泡打粉，先用橡皮
　　刮刀稍微拌合。（如P.43 無花果
　　楓糖蛋糕的圖b）

2　改用攪拌機由慢速至快速攪拌均
　　勻，呈光滑細緻的糊狀。

3　分別加入全蛋及細砂糖，繼續快
　　攪均勻，再分別加入味醂及蜂蜜
　　攪勻。

4　加入蜜紅豆，改用橡皮刮刀輕輕
　　的拌勻。

5　用橡皮刮刀將麵糊刮入紙模內約
　　八分滿。

6　烤箱預熱後，以上火190℃、下火
　　180℃烘烤約20～25分鐘左右。

**參考
份量**

長 7cm · 寬 6cm · 高 2cm 心型紙模約8個

孟老師時間

★麵糊的攪拌方式，請參考P.43的無花
　果楓糖蛋糕的做法。

★蜜紅豆及味醂在一般超市即有販售。

OS: 加了味醂與蜂蜜，感覺很和風，尤其搭配蜜紅豆，甜蜜的口感與綿細滋味表露無疑。

香甜果子

糖油
拌合法

材料 ▶ 無鹽奶油50克　細砂糖30克
全蛋50克　檸檬1個
玉米粉30克　低筋麵粉30克
泡打粉1/8小匙
酒漬櫻桃 6粒

做法 ▶

1 無鹽奶油在室溫軟化後，加細砂糖用攪拌機攪拌均勻。

2 加入全蛋，以快速方式攪勻。

3 將檸檬外皮洗淨後刨成細絲，加入做法2的材料中。（如P.37 金黃橙絲蛋糕的圖e）

4 同時篩入玉米粉、低筋麵粉及泡打粉，改用橡皮刮刀以不規則方向拌勻呈麵糊狀。

5 用橡皮刮刀將麵糊刮入紙模內約八分滿。

6 烤箱預熱後，以上火190℃、下火180℃烘烤約5～8分鐘左右，待麵糊表面定型後取出。

7 在表面放一顆酒漬櫻桃及適量的檸檬絲裝飾，再續烤約10～15分鐘左右。

**參考
份量**

長 7.5cm　寬 4.5cm　高 2cm
橢圓紙模約6個

孟老師時間

★ 麵糊的攪拌方式，請參考P.37的金黃橙絲蛋糕的做法。

★ 如無法取得酒漬櫻桃，可改用浸泡過蘭姆酒的葡萄乾代替。

OS: 需要有檸檬香氣，才是清香爽口的蛋糕特徵。　　(47)

蔓越莓蛋糕

糖油拌合法

材料 ▶

A 杏仁片30克　蔓越莓乾60克

B 無鹽奶油80克　糖粉60克　蛋黃2個
　牛奶2大匙　低筋麵粉50克
　泡打粉1/2小匙　奶粉10克

做法 ▶

1 杏仁片先以上、下火150℃烘烤約10分鐘左右，放涼後與蔓越莓用料理機一起絞碎備用。（圖a）

2 無鹽奶油在室溫軟化後，加糖粉先用橡皮刮刀稍微拌合（圖b），再改用攪拌機攪拌均勻。

3 分別加入蛋黃及牛奶，再繼續以快速方式攪勻。

4 同時篩入低筋麵粉、泡打粉及奶粉，用橡皮刮刀稍微拌合，再加入做法1的材料（圖c），並以不規則方向拌勻呈麵糊狀。

5 用橡皮刮刀將麵糊刮入紙模內約八分滿。

6 烤箱預熱後，以上火180℃、下火180℃烘烤約20～25分鐘左右。

a

b

c

參考份量

直徑6cm 高2cm 紙模約8個

孟老師時間

★ 如沒有料理機，即用刀子將杏仁片及蔓越莓盡量切碎。

★ 麵糊的攪拌方式，請參考P.37金黃橙絲蛋糕的做法。

優格蜜棗蛋糕

糖油拌合法

材料 ▶

A 蜜棗3個 藍姆酒10克 細砂糖10克

B 無鹽奶油80克 細砂糖60克 全蛋60克
低筋麵粉100克 泡打粉1/2小匙
原味優格100克

做法 ▶

1 蜜棗洗淨後切成1/4瓣，加入藍姆酒及細砂糖浸泡約20分鐘以上，再將蜜棗瀝乾並將汁液保留備用。

2 無鹽奶油在室溫軟化後，加細砂糖用攪拌機攪拌均勻。

3 分次加入全蛋，並繼續用攪拌機以快速方式攪勻。

4 同時篩入低筋麵粉及泡打粉，接著分別加入原味優格及浸泡蜜棗後的汁液，改用橡皮刮刀以不規則方向輕輕拌勻呈麵糊狀。

5 用橡皮刮刀將麵糊刮入擠花袋中，擠至紙模內約七分滿，再放上2瓣的蜜棗。

6 烤箱預熱後，以上火180℃、下火160℃烘烤約15～20分鐘左右即可。

參考份量

📏11cm 📐5cm 📏1.5cm 葉形紙模約7個

孟老師時間

★麵糊的攪拌方式，請參考P.37金黃橙絲蛋糕的做法。

★將麵糊裝入擠花袋中，較易填入有特殊造型的紙模內。

★如無法取得擠花袋，也可將麵糊裝入塑膠袋內，並在尖角處剪一刀口，即可擠出麵糊。

★可將1/4瓣的蜜棗在中心處對切，再放在麵糊表面。

★蛋糕放涼後，可在表面刷上均勻的鏡面果膠，以增添光澤。

OS: 就是要做成小size的造型蛋糕，才有辦法一口品嘗兩種滋味。

焦糖葡萄乾蛋糕

最佳賞味 室溫保存，冷、熱皆宜

材料 ▶

A 焦糖葡萄乾：細砂糖35克　水35克
葡萄乾35克

B 蛋糕體：無鹽奶油70克　細砂糖30克
全蛋60克　奶粉2大匙　低筋麵粉60克
泡打粉1/2小匙

做法 ▶

1 焦糖葡萄乾：細砂糖用小火煮至糖慢慢融化，再續煮至糖液呈咖啡色的焦糖，熄火後，將水分次慢慢倒入，最後加入葡萄乾，用湯匙拌勻備用。

2 蛋糕體：無鹽奶油在室溫軟化後，加細砂糖用攪拌機攪拌均勻。

3 分次加入全蛋，繼續用攪拌機以快速方式攪勻。

4 同時篩入奶粉、低筋麵粉及泡打粉，改用橡皮刮刀以不規則方向輕輕拌勻呈麵糊狀。

5 用橡皮刮刀將麵糊刮入紙模內約七分滿，並在麵糊表面放上適量的焦糖葡萄乾。

6 烤箱預熱後，以上火190℃、下火180℃烘烤約20～25分鐘左右。

孟老師時間

★麵糊的攪拌方式，請參考P.37金黃橙絲蛋糕的做法。

★需以小火製作焦糖，以免水分過快流失，同時注意上色程度，顏色不可過深，才不會有苦味。焦糖的色澤，請參考圖a。

★焦糖葡萄乾放涼後呈黏稠狀，須用手掰開。

a

參考份量
☐ 5.5cm ☐ 3.5cm　紙模約6個

OS: 將葡萄乾換成不同的處理方式，將有意想不到的舌尖體驗。

最佳賞味 室溫保存,冷食

百香果杏桃蛋糕

材料 ▶ 杏桃乾160克　無鹽奶油60克
　　　　糖粉70克　全蛋180克
　　　　純百香果汁80克　低筋麵粉50克
　　　　泡打粉 1/2小匙　杏仁粉120克

做法 ▶

1 杏桃乾切成條狀、無鹽奶油以隔水加熱或微
　波加熱方式融化成液體,放涼備用。

2 糖粉加入全蛋,用打蛋器攪打至顏色稍微變

淡,再加入純百香果汁繼續攪勻。

3 同時篩入低筋麵粉及泡打粉,接著加入杏仁
　粉及融化的無鹽奶油,改用橡皮刮刀以不規
　則方向拌勻呈麵糊狀。

4 用橡皮刮刀將麵糊刮入紙模內約八分滿,並
　在表面放上適量的杏桃乾。

5 烤箱預熱後,以上火180℃、下火160℃烘
　烤約20～25分鐘左右。

OS: 喜愛重口味水果風味的人,必須品嘗的蛋糕。

鮮果糖漿蛋糕

材料 ▶

A 蛋糕體：細砂糖45克　無鹽奶油45克
　香吉士1個　動物性鮮奶油50克
　全蛋75克　低筋麵粉50克
　泡打粉1/2小匙　杏仁粉25克

B 水果醬汁：純柳橙汁10克
　純百香果汁25克　細砂糖5克
　杏桃果膠15克　白蘭地桔子酒10克

做法 ▶

1 將模型的內部刷上均勻的奶油備用。
2 蛋糕體：細砂糖加無鹽奶油，以隔水加熱或微波方式攪拌至奶油融化。

3 熄火後，刨入香吉士皮屑，再分別加入動物性鮮奶油及全蛋，用打蛋器攪拌均勻。
4 待降溫後，同時篩入低筋麵粉及泡打粉，接著加入杏仁粉，改用橡皮刮刀以不規則方向拌勻呈麵糊狀。
5 用橡皮刮刀將麵糊分別刮入兩個烤模內。
6 烤箱預熱後，以上火150℃、下火150℃烘烤約40～50分鐘左右。
7 水果醬汁：純柳橙汁、純百香果汁及細砂糖混合用小火煮至砂糖融化，再分別加入杏桃果膠及白蘭地桔子酒，邊煮邊用湯匙攪至杏桃果膠融化即可。
8 將水果醬汁趁熱刷在蛋糕體上。

**參考
份量**

 12cm 4.5cm
中空圓烤模2個

孟老師時間

★以低溫慢烤的方式，以保持紮實蛋糕體的濕潤度。
★製作水果醬汁時，最好用新鮮的香吉士及百香果，香氣與風味較濃郁。
★白蘭地桔子酒可以蘭姆酒（Rum）代替。
★細砂糖加無鹽奶油，以隔水加熱或微波方式攪拌至奶油融化、而細砂糖尚未完全融化時，即可加入其他材料。

OS: 別嫌麻煩！一定要搭配水果醬汁才會讓蛋糕加分。

最佳賞味 室溫保存，趁熱品嚐

焦糖蘋果蛋糕

兩部拌合法

材料 ▶

A 焦糖蘋果：青蘋果2個　細砂糖90克
　　水15克　無鹽奶油10克
　　白蘭地蘋果酒2大匙（或蘭姆酒）
B 蛋糕體：無鹽奶油45克　低筋麵粉50克
　　牛奶50克　香草精1小匙　蛋黃50克
　　蛋白100克　細砂糖30克

做法 ▶

1 將模型的底部刷上均勻的奶油備用。

2 焦糖蘋果：青蘋果去皮去籽切成片狀備用，
　細砂糖用小火煮至焦糖色再慢慢分次加水攪
　勻後再加入奶油。（圖a）

3 加入蘋果片（圖b）及蘋果酒用中大火炒至
　蘋果軟化（圖c）即成焦糖蘋果，再連同少
　許醬汁均勻的鋪在烤模底部備用。（圖d）

4 蛋糕體：無鹽奶油用小火煮至融化，熄火後
　接著加入低筋麵粉用打蛋器攪勻。（圖e）

5 分別加入牛奶、香草精及蛋黃（圖f），繼續
　用打蛋器拌勻呈麵糊狀。

6 蛋白用攪拌機攪打成粗泡狀，分3次加入細
　砂糖，以快速方式攪打後蛋白漸漸的呈發泡
　狀態，攪打的同時明顯出現紋路狀，最後呈
　小彎勾的九分發狀態即可。（如P.90南瓜戚
　風蛋糕的圖h）。

7 取約1/3的打發蛋白，加入做法5的麵糊
　內，用橡皮刮刀輕輕的稍微拌合。

8 加入剩餘的蛋白，繼續用橡皮刮刀輕輕的從
　容器底部括起拌勻。

9 用橡皮刮刀將麵糊刮入做法3的烤模內至滿
　（圖g），並將表面抹平。

10 烤箱預熱後，以上火180℃、下火190℃烘
　烤約20～25分鐘左右。

11 出爐後，待稍降溫即可倒扣脫模。

 參考份量　□□9cm □3.5cm　金屬烤模約5個

a　　　b

c　　　d

e　　　f

g　　　h

孟老師時間

★ 煮焦糖時，如在上色前出現結晶現象（圖h），只
　要用小火續煮即會融化，並慢慢呈現焦糖色。

★ 此種蛋糕體，是藉由麵粉糊化後與打發蛋白拌合
　所製成，口感特別細緻，俗稱「黃金蛋糕體」，
　除可搭配焦糖及布丁液製成焦糖布丁蛋糕外，也
　適合與焦糖蘋果結合。

★ 烤模四周不需要抹油，以降低成品收縮程度；用
　小刀緊貼著烤模邊劃開即可倒扣脫模。

★ 蛋白的打發狀態與麵糊的拌合方式，請參考P.90
　南瓜戚風蛋糕（圖h）。

OS: 一定要趁熱食用才正點，講究的話再放上一球香草冰淇淋，冷熱交替的好口感，達到極致的享受。

百變乳酪口味

酥波羅乳酪蛋糕

糖油拌合法

材料 ▶

A 酥波羅：無鹽奶油25克　糖粉20克　低筋麵粉25克

B 蛋糕體：葡萄乾60克　蘭姆酒60克
無鹽奶油35克　奇福餅乾100克
奶油乳酪（Cream Cheese）110克
無鹽奶油30克　細砂糖15克　蛋黃25克
檸檬汁2小匙　低筋麵粉25克　檸檬皮1/2小匙
蛋白50克　細砂糖15克

做法 ▶

1 在模型內的底部墊上蛋糕紙備用。

2 酥波羅：無鹽奶油在室溫軟化後，加糖粉用橡皮刮刀攪拌均勻，再篩入低筋麵粉拌成麵糰狀，整形成橢圓形後用保鮮膜包好，冷凍凝固備用。（圖a）

3 蛋糕體：葡萄乾加蘭姆酒泡軟備用。（如P.33全麥葡萄乾馬芬的圖a）

4 無鹽奶油在室溫軟化，奇福餅乾放入塑膠袋內，用擀麵棍壓成餅乾屑，加入無鹽奶油用手混勻，直接鋪在烤模底部，用手攤平並壓緊。

5 葡萄乾泡軟後擠乾，直接鋪在做法4的材料上備用。（圖b）

6 蛋糕體：奶油乳酪及無鹽奶油放入同一容器中，在室溫軟化後，加細砂糖用攪拌機以慢速攪拌均勻。

7 分別加入蛋黃、檸檬汁及低筋麵粉，並同時刨入檸檬皮屑，繼續以慢速方式攪成麵糊狀。

8 蛋白用攪拌機攪打成粗泡狀，再分3次加入細砂糖，以快速方式攪打呈七分發（圖c）。

9 取約1/3的打發蛋白，加入做法7的麵糊內，用橡皮刮刀稍微拌合（圖d）。

10 加入剩餘的蛋白，繼續用橡皮刮刀輕輕的拌成均勻的乳酪糊。

11 用橡皮刮刀將乳酪糊刮入模型內（圖e），並將表面抹平，用刨絲器將凝固後的酥波羅麵糰直接刨在乳酪糊的表面。（圖f）

12 烤箱預熱後，以上火190℃、下火190℃烘烤約25～30分鐘左右即可。

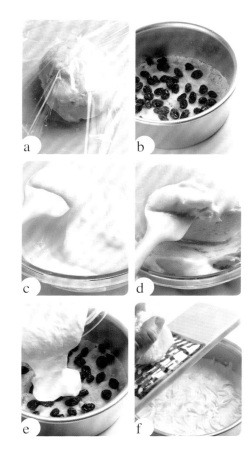

a　b

c　d

e　f

參考份量

6吋圓形底部活動烤模1個

孟老師時間

★ 酥波羅的份量很少，用橡皮刮刀將所有材料拌合均勻即可，不需打發。

★ 製作乳酪麵糊時，以慢速攪拌材料，成品表面才不易烤裂。

★ 蛋白七分發的狀態：蛋白已呈鬆發狀，但搖晃時仍會流動，無法附著在橡皮刮刀上倒扣。

★ 出爐前，用刀插入蛋糕體中央，如出現少許沾黏狀即可出爐。（如P.63椰香乳酪蛋糕的圖a）

★ 待完全降溫後再脫模，成品較不易鬆散。

★ 可利用擦薑板磨出檸檬的皮屑，但需注意盡量取綠色表皮部分，不要刮到白色筋膜，以免苦澀。

★ 烤模四周不需要抹油，用小刀緊貼著烤模邊劃開即可脫模。

南瓜乳酪軟糕

材料 ▶

A 蛋糕底：無鹽奶油50克　糖粉35克
蛋黃2個　蒸熟的南瓜泥100克
低筋麵粉170克　小蘇打粉1/8小匙
杏仁粉　30克

B 南瓜乳酪糊：
奶油乳酪（Cream Cheese）70克　糖粉40克
蒸熟的南瓜泥110克　開心果碎屑1/4小匙

做法 ▶

1 圓慕斯框放在烤盤上備用。

2 蛋糕底：無鹽奶油在室溫軟化後，加糖粉用橡皮刮刀攪拌均勻，再改用攪拌機攪勻。

3 再加入蛋黃及蒸熟的南瓜泥，繼續以快速方式攪勻（圖a）。

4 同時篩入低筋麵粉及小蘇打粉，接著加入杏仁粉，改用橡皮刮刀以不規則方向輕輕拌成麵糰狀。

5 將麵糰包在保鮮膜之上，用手壓平成厚約1cm，冷藏鬆弛約1小時。

6 南瓜乳酪糊：奶油乳酪放在室溫軟化，加糖粉用橡皮刮刀稍微攪拌，再改用攪拌機攪勻。

7 加入蒸熟的南瓜泥繼續以快速方式攪勻。

8 將做法5的蛋糕底麵糰用圓慕斯框切割成圓片狀（圖b）。

9 將南瓜乳酪糊裝入擠花袋內，直接擠在蛋糕底之上約8分滿的高度（圖c），最後在表面撒上均勻的開心果碎屑。（圖d）

10 烤箱預熱後，以上火180℃、下火180℃烤約20～25分鐘左右。

a　b

c　d

參考份量

　5cm 　3cm　圓慕斯框8個

孟老師時間

★ 蒸熟的南瓜泥合計210克，是去皮後的淨重。切成小塊後蒸至軟爛，趁熱用叉子壓成泥狀。

★ 如無法取得擠花袋，可用湯匙將內餡填入蛋糕底之上，再用手輕壓表面即可。

★ 出爐前，用刀插入蛋糕體中央，如出現少許沾黏狀即可出爐。（如P.63椰香乳酪蛋糕的圖a）

★ 烤模四周不需要抹油，用小刀緊貼著烤模邊劃開即可脫模。

OS: 為了突顯南瓜鮮豔色澤，需以小塊的方式製作，並在短時間內烘烤完成。

a

b

嫩豆腐乳酪蛋糕

最佳賞味 冷藏保存，冷食

糖油拌合法

材料 ▶ 奶油乳酪（Cream Cheese）160克　細砂糖40克
嫩豆腐80克　工研牌百香果濃縮醋30克
玉米粉10克　蛋白90克

裝飾 ▶ 鏡面果膠20克　工研牌百香果濃縮醋5克

做法 ▶

1 在慕斯框底部分別包上蛋糕紙及鋁箔紙備用。（圖a）

2 奶油乳酪在室溫軟化後，加細砂糖用隔水加熱方式，用打蛋器攪拌至奶油乳酪呈無顆粒的光滑狀。

3 用網篩將嫩豆腐篩入（圖b），繼續加熱並用打蛋器攪拌均勻。

4 離開熱水，加入工研牌百香果濃縮醋，並用打蛋器攪拌均勻。

5 分別加入玉米粉及蛋白，用打蛋器攪拌呈均勻的乳酪糊。

6 用橡皮刮刀將乳酪糊刮入模型內。

7 烤箱預熱後，在烤盤上倒入熱水，以上火180℃、下火180℃隔熱水烘烤約30～35分鐘左右。

8 裝飾：鏡面果膠用湯匙攪成流質狀，再與工研牌百香果濃縮醋混合攪勻，均勻的抹在蛋糕表面。

參考份量

長14.5cm　寬14.5cm
正方形慕斯框1個

孟老師時間

★出爐前，用刀插入蛋糕體中央，如出現少許沾黏狀即可出爐。（如P.63椰香乳酪蛋糕的圖a）

★待成品完全降溫後，再脫模抹上鏡面果膠。

★在慕斯框的底部，同時墊上蛋糕紙及鋁薄紙，成品較易脫模。

★烤模四周不需要抹油，用小刀緊貼著烤模邊劃開即可脫模。

★嫩豆腐乳酪蛋糕以蒸烤方式進行，烤模的底部需完全接觸水分為原則。

OS: 東方食材遇見西式乳酪，一定要試的組合。

OREO乳酪蛋糕

糖油
拌合法

材料 ▶

A 無鹽奶油15克　OREO巧克力餅乾55克

B 奶油乳酪（Cream Cheese）150克
　　細砂糖50克　動物性鮮奶油85克
　　低筋麵粉1小匙　蛋黃1個
　　OREO巧克力餅乾20克

做法 ▶

1 取鋁箔紙裁成與模型同樣長度（圖a），直接鋪在模型內部備用。

2 材料A無鹽奶油放在室溫軟化，並將OREO巧克力餅乾放入塑膠袋內，用擀麵棍壓成餅乾屑。

3 將無鹽奶油加入餅乾屑內用手混勻（如P.69愛爾蘭甜酒乳酪蛋糕的圖a），取1/2的量直接鋪在模型底部，用手攤平並壓緊。

4 材料B奶油乳酪在室溫軟化後，加細砂糖用隔水加熱方式，以打蛋器攪拌至奶油乳酪呈無顆粒的光滑狀。

5 加入動物性鮮奶油，用打蛋器攪拌均勻。

6 離開熱水，待降溫後分別加入低筋麵粉及蛋黃，用打蛋器攪呈均勻的乳酪糊。

7 取做法6的乳酪糊約1/2的量用橡皮刮刀刮入模型內（圖b），將OREO巧克力餅乾用手掰成小塊平均鋪在乳酪糊上。

8 將剩餘的乳酪糊刮入（圖c），再用湯匙將做法3剩餘的的奶油餅乾屑平均的鋪在乳酪糊表面，最後將長於烤模的鋁箔紙向內折蓋在乳酪糊表面（圖d）。

9 烤箱預熱後，以上火180℃、下火180℃烘烤約30～35分鐘左右。

參考份量

18cm　8cm　6cm　長方形烤模1個

孟老師時間

★ 出爐前，用刀插入蛋糕體中央，如出現少許沾黏狀即可出爐。（如P.63椰香乳酪蛋糕的圖a）

★ 用打蛋器以慢速方式攪拌乳酪糊，成品較不易龜裂。

★ 在乳酪糊表面蓋上鋁箔紙烘烤，奶油餅乾屑較不易過乾。

★ 待成品完全降溫後，較易脫模。

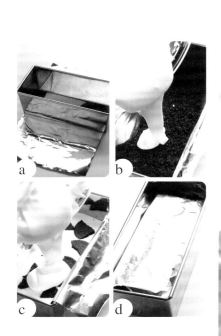
a　b
c　d

OS: OREO巧克力餅乾是所有乳製品點心的好搭檔，風味永遠協調又對味。

最佳賞味 冷藏保存，冷食

椰香乳酪蛋糕

材料

A 無鹽奶油25克　糖粉20克　低筋麵粉25克
B 奶油乳酪（Cream Cheese）200克　細砂糖40克
　　椰奶160克　椰子粉20克　低筋麵粉20克　蛋白40克
　　玉米片10克　糖粉5克

做法

1 在模型內的底部墊上蛋糕紙備用。
2 材料A無鹽奶油在室溫軟化後，加糖粉用橡皮刮刀攪拌均勻，再篩入低筋麵粉拌成麵糰狀，並直接用手平鋪在模型底部。
3 材料B奶油乳酪在室溫軟化後，加細砂糖用隔水加熱方式，用打蛋器攪拌至奶油乳酪呈無顆粒的光滑狀，再分別加入椰奶及椰子粉，用打蛋器攪拌均勻。
4 離開熱水，待降溫後分別加入低筋麵粉及蛋白，用打蛋器攪呈均勻的乳酪糊。
5 用橡皮刮刀將乳酪糊刮入模型內，接著將玉米片用手撕碎均勻的鋪在乳酪糊表面，同時篩些均勻的糖粉。
6 烤箱預熱後，在烤盤上倒入一杯熱水，以上火180℃、下火180℃隔熱水烘烤約25～30分鐘左右。

參考份量

6吋圓形底部活動烤模1個

孟老師時間

★出爐前，用刀插入蛋糕體中央，如出現少許沾黏狀即可出爐。（圖a）
★用打蛋器以慢速方式攪拌乳酪糊，成品較不易龜裂。
★待成品完全降溫後，較易脫模。
★烤盤上倒入一杯熱水烘烤，成品較不易龜裂，如烘烤中水分已烤乾，不需再加熱水。
★烤模四周不需要抹油，用小刀緊貼著烤模邊劃開即可脫模。

a

OS: 椰奶加椰子粉，雙重的椰香風味，很南洋風的乳酪蛋糕。　　(63)

巧克力乳酪蛋糕

最佳賞味 冷藏保存，冷食

糖油拌合法

材料 ▶ 奶油乳酪（Cream Cheese）200克
細砂糖100克　動物性鮮奶油150克
低筋麵粉20克　無糖可可粉20克
水滴形巧克力豆20克

做法 ▶

1 在模型內的底部墊上蛋糕紙備用。

2 奶油乳酪在室溫軟化後，加細砂糖以隔水加熱方式，用打蛋器攪拌至奶油乳酪呈無顆粒的光滑狀。

3 加入動物性鮮奶油用打蛋器攪拌均勻。

4 離開熱水，待降溫後分別加入低筋麵粉及無糖可可粉，用打蛋器攪呈均勻的乳酪糊。

5 加入水滴形巧克力豆，改用橡皮刮刀攪拌均勻。

6 用橡皮刮刀將乳酪糊刮入模型內，將表面抹平。

7 烤箱預熱後，在烤盤上倒入一杯熱水，以上火180℃、下火180℃烘烤約25～30分鐘左右。

參考份量

直徑 **10cm** 高 **3.5cm**
圓烤模3個

孟老師時間

★待成品完全降溫後，較易脫模。

★出爐前，用刀插入蛋糕體中央，如出現少許沾黏狀即可出爐。（如P.63椰香乳酪蛋糕的圖a）

★烤盤上倒入一杯熱水烘烤，成品較不易龜裂，如烘烤中水分已烤乾，不需再加熱水。

★烤模四周不需要抹油，用小刀緊貼著烤模邊劃開即可倒扣脫模。

OS：加了香濃誘人的可可味，是排斥乳酪的人必嘗蛋糕。

蘋果乳酪蛋糕

糖油
拌合法

材料 ▶

A **蛋糕底**：無鹽奶油5克　消化餅乾15克

B **蛋糕體**：奶油乳酪（Cream Cheese）225克　細砂糖40克
全蛋30克　青蘋果30克（去皮後）玉米粉1又1/2小匙
工研蘋果醋20克

C **裝飾**：青蘋果 1個（去皮後）　金砂糖（二砂糖）2小匙

做法 ▶

1 蛋糕底：無鹽奶油放在室溫下軟化，消化餅乾放入塑膠袋
內，用擀麵棍壓成餅乾屑。

2 將無鹽奶油加入用手混勻，直接鋪在模型底部，用手攤平
並壓緊。

3 蛋糕體：奶油乳酪在室溫軟化後，加細砂糖用隔水加熱方
式攪拌至奶油乳酪呈無顆粒的光滑狀。

4 離開熱水，待稍降溫後加入全蛋，接著用擦薑板將青蘋果
刮成泥狀直接加入拌勻。

5 分別加入玉米粉及工研蘋果醋，繼續用打蛋器攪拌呈均勻
的乳酪糊。

6 用橡皮刮刀將乳酪糊刮入模型內。

7 裝飾：將青蘋果切成片狀鋪在表面，並在表面撒上適量的
金砂糖。（圖a）

8 烤箱預熱後，以上火170℃、下火170℃烘烤約25～30分
鐘左右。

**參考
份量**

直徑 10.5cm 高 3cm
圓紙模2個

孟老師時間

★出爐前，用刀插入蛋
糕體中央，如出現少
許沾黏狀即可出爐。
（如P.63椰香乳酪蛋糕
的圖a）

★因蛋糕表面鋪有配
料，應選用底部活動
式烤模或是可撕式的
紙模，較為方便。

a

OS: 酸酸甜甜的青蘋果，絕對可以提升乳酪的香甜氣味。

參考
份量

6吋圓慕斯框1個

孟老師時間

★白巧克力冷藏後較易
刮成細屑。

★待成品完全降溫後，
較易脫模。

★出爐前，用刀插入蛋
糕體中央，如出現少
許沾黏狀即可出爐。
（如P.63椰香乳酪蛋糕
的圖a）

★烤模四周不需要抹
油，用小刀緊貼著烤
模邊劃開即可脫模。

白巧克力乳酪蛋糕

最佳賞味 冷藏保存，冷食

糖油
拌合法

材料 ▶

A 蛋糕底：無鹽奶油10克　OREO巧克力餅乾40克
B 蛋糕體：白巧克力100克
　　奶油乳酪（Cream Cheese）150克　細砂糖40克
　　動物性奶油50克　蛋黃30克　蛋白30克
C 裝飾：白巧克力屑適量

做法 ▶

1 在模型內的底部墊上蛋糕紙備用。

2 蛋糕底：無鹽奶油放在室溫下軟化，OREO巧克力餅乾放
　入塑膠袋內，用擀麵棍壓成餅乾屑。

3 將無鹽奶油加入用手混勻，直接鋪在模型底部，用手攤平
　並壓緊。（如P.69愛爾蘭甜酒乳酪蛋糕的圖a）

4 蛋糕體：白巧克力用隔水加熱方式攪拌至融化備用。

5 奶油乳酪在室溫軟化後，加細砂糖用隔水加熱方式攪拌至
　奶油乳酪呈無顆粒的光滑狀。

6 離開熱水，待稍降溫後分別加入動物性鮮奶油、蛋黃、蛋
　白及做法4的白巧克力液，用打蛋器輕輕攪拌呈均勻的乳
　酪糊。

7 用橡皮刮刀將乳酪糊刮入模型內。

8 烤箱預熱後，以上火170℃、下火170℃烘烤約25～30分
　鐘左右。

9 用刨刀將白巧克力刨成細屑狀，用湯匙均勻的撒在放涼後
　的蛋糕體上。

 OS: 以香甜白巧克力搭配製作，成為最「奶」的乳酪蛋糕。

切達乳酪蛋糕

最佳賞味 冷藏保存，冷食

糖油
拌合法

材料 ▶ 蔓越莓乾45克　奶油乳酪（Cream Cheese）175克
細砂糖90克　牛奶120克　切達乳酪1片
低筋麵粉10克　蛋白40克

做法

1 在慕斯框底部墊上蛋糕紙及鋁箔紙（如P.60嫩豆腐乳酪蛋糕的圖a），蔓越莓乾用刀切碎後備用。

2 奶油乳酪在室溫軟化後，加細砂糖用隔水加熱方式，用打蛋器攪拌至奶油乳酪呈無顆粒的光滑狀。

3 加入牛奶用打蛋器攪拌均勻，將切達乳酪用手掰成小塊後加入，接著拌入蔓越莓乾。

4 離開熱水，待降溫後分別加入低筋麵粉及蛋白，用打蛋器攪拌呈均勻的乳酪糊。

5 用橡皮刮刀將乳酪糊刮入模型內。

6 烤箱預熱後，在烤盤上倒入熱水，以上火180℃、下火180℃隔熱水烘烤約25～30分鐘左右。

參考份量

6吋圓慕斯框1個

孟老師時間

★ 用打蛋器以慢速方式攪拌乳酪糊，成品較不易龜裂。

★ 出爐前，用刀插入蛋糕體中央，如出現少許沾黏狀即可出爐。（如P.63椰香乳酪蛋糕的圖a）

★ 可改用6吋的圓形烤模製作，但需將底部墊上蛋糕臘光紙，以利脫模。

★ 與P.60嫩豆腐乳酪蛋糕相同是以蒸烤方式進行，烤模的底部需完全接觸水分為原則。

OS: 添加一片切達乳酪，加重了品嘗時的濃郁口感。

67

參考份量 6吋圓烤模1個

最佳賞味 冷藏保存，冷食

咖啡大理石乳酪蛋糕

糖油拌合法

材料 ▶ 奶油乳酪（Cream Cheese）200克
細砂糖60克　牛奶100克　玉米粉15克
蛋黃2個　蛋白30克　香草精1/2小匙
即溶咖啡粉1/2小匙

做法 ▶

1 在模型內的底部墊上蛋糕紙備用。

2 奶油乳酪在室溫軟化後，加細砂糖用隔水加熱方式攪拌至奶油乳酪呈無顆粒的光滑狀。

3 分別加入牛奶及玉米粉，用打蛋器攪拌均勻。

4 離開熱水，待稍降溫後再分別加入蛋黃、蛋白及香草精，繼續用打蛋器攪拌呈均勻的乳酪糊。

5 取乳酪糊1小匙，加入即溶咖啡粉用湯匙拌勻呈咖啡乳酪糊。（圖a）

6 用橡皮刮刀將做法4的乳酪糊刮入模型內，再用小湯匙將咖啡乳酪糊舀在表面。（圖b）

7 用小尖刀或牙籤在咖啡乳酪糊上劃線條。（圖c）

8 烤箱預熱後，在烤盤上倒入熱水，以上火180℃、下火180℃隔熱水烘烤約25分鐘左右。

孟老師時間

★大理石的紋路製作，除可利用咖啡粉外，還可以相同份量的無糖可可粉或是抹茶粉代替。

★待成品完全降溫後，較易脫模。

★出爐前，用刀插入蛋糕體中央，如出現少許沾黏狀即可出爐。（如P.63椰香乳酪蛋糕的圖a）

★烤模四周不需要抹油，用小刀緊貼著烤模邊劃開即可脫模。

★與P.60的嫩豆腐乳酪蛋糕相同是以蒸烤方式進行，烤模的底部需完全接觸水分為原則。

OS: 改變外觀很容易，可試著用其他食材比照辦理。

愛爾蘭甜酒乳酪蛋糕

糖油拌合法

材料▶

A 葡萄乾30克 蘭姆酒50克 無鹽奶油5克
OREO巧克力餅乾25克

B 奶油乳酪（Cream Cheese）100克
細砂糖30克 蛋黃25克 蛋白30克
愛爾蘭甜酒（Irish Cream）75克
即溶咖啡粉2小匙 玉米粉1又1/4小匙
杏仁粉2大匙

做法▶

1 在模型內的底部墊上蛋糕紙，葡萄乾加蘭姆酒泡軟備用（如P.33全麥葡萄乾馬芬的圖a）。

2 無鹽奶油放在室溫下軟化，OREO巧克力餅乾放入塑膠袋內，用擀麵棍壓成餅乾屑，將無鹽奶油加入餅乾屑內用手混勻（圖a），直接鋪在模型底部，用手攤平並壓緊。

3 奶油乳酪在室溫軟化後，加細砂糖用隔水加熱方式攪拌至奶油乳酪呈無顆粒的光滑狀。

4 離開熱水，待稍降溫後再分別加入蛋黃、蛋白及愛爾蘭甜酒，用打蛋器輕輕攪拌均勻。

5 加入即溶咖啡粉及玉米粉，繼續用打蛋器攪拌至咖啡粉完全溶化呈均勻的乳酪糊。

6 用橡皮刮刀將乳酪糊刮入模型內，接著將杏仁粉均勻的撒在乳酪糊表面。

7 烤箱預熱後，在烤盤上倒入一杯熱水，以上火180℃、下火180℃烘烤約25～30分鐘左右。

a

參考份量

直徑10cm 高3.5cm 圓烤模2個

孟老師時間

★待成品完全降溫後，較易脫模。

★出爐前，用刀插入蛋糕體中央，如出現少許沾黏狀即可出爐。（如P.63椰香乳酪蛋糕的圖a）

★烤模四周不需要抹油，用小刀緊貼著烤模邊劃開即可脫模。

★與P.64巧克力乳酪蛋糕相同，烤盤上倒入一杯熱水烘烤，成品較不易龜裂，如烘烤中水分已烤乾，不需再加熱水。

OS: 拍照時，攝影師品嚐感言：好貝里詩（BAILEYS）呀！（愛爾蘭甜酒的品牌）

最佳賞味 冷藏保存，冷食

酒漬櫻桃乳酪蛋糕 糖油拌合法

材料 ▶

A 蛋糕底：無鹽奶油10克 原味蛋捲4根
酒漬櫻桃50顆

B 蛋糕體：奶油乳酪（Cream Cheese）150克
細砂糖50克 原味優格50克
酒漬櫻桃酒35克 玉米粉2小匙 蛋白50克

C 巧克力淋醬（Ganache）：牛奶100克
苦甜巧克力160克 無鹽奶油20克

D 裝飾線條：白巧克力25克 牛奶10克

做法 ▶

1 在模型內的底部墊上蛋糕紙備用。

2 蛋糕底：無鹽奶油放在室溫下軟化，原味蛋
捲放入塑膠袋內，用擀麵棍壓成餅乾屑。

3 將無鹽奶油加入餅乾屑內用手混勻，直接鋪
在模型底部，用手攤平並壓緊，並鋪上酒漬
櫻桃。

4 蛋糕體：奶油乳酪在室溫軟化後，加細砂糖
用隔水加熱方式攪拌至奶油乳酪呈無顆粒的
光滑狀。

5 離開熱水，待稍降溫後分別加入原味優格、
酒漬櫻桃酒及玉米粉，用打蛋器攪拌呈均勻
的乳酪糊。

6 加入蛋白，用打蛋器輕輕的攪拌均勻。

7 用橡皮刮刀將乳酪糊刮入模型內。

8 烤箱預熱後，以上火170℃、下火170℃烘
烤約25～30分鐘左右。

9 巧克力淋醬：牛奶加苦甜巧克力以隔水加熱
方式，邊煮邊用橡皮刮刀攪拌至巧克力融
化，接著加入無鹽奶油拌勻。

10 裝飾線條：白巧克力加牛奶以隔水加熱方
式，邊煮邊用橡皮刮刀攪拌至巧克力融化
呈白巧克力液。

11 將巧克力淋醬淋在放涼後的蛋糕體上（圖
a），接著將白巧克力液裝入紙袋內，並在
袋口剪一小洞口，直接在蛋糕表面擠上圓
點狀（圖b），接著用刀尖劃出線條。（圖c）

參考份量

📏14cm 📏13cm 📏4.5cm 心型烤模1個

孟老師時間

★ 待成品完全降溫後，較易脫模。

★ 出爐前，用刀插入蛋糕體中央，如出現少許沾黏
狀即可出爐。（如P.63椰香乳酪蛋糕的圖a）

★ 酒漬櫻桃酒即市售的酒漬櫻桃內的原來汁液。

★ 將成品冷藏，待巧克力淋醬凝固後再切片較好。

★ 烤模四周不需要抹油，用小刀緊貼著烤模邊劃開
即可脫模。

★ 蛋糕底的製作方式，可參考P.69愛爾蘭甜酒乳酪
蛋糕的圖a。

OS: 很成人風味的乳酪蛋糕，香濃乳酪隱約散發微醺的好滋味。

蝴蝶飛上了女孩的衣裳，泳池都是歡樂的嬉笑，
愈來愈大的太陽，讓白晝又長了幾分。
食欲不好的時候，就來做蛋糕吧，
親手烘烤的誠意是買也買不到的。
清爽低卡口味和開胃鹹口味，
都是盛夏時節的好伴手。

夏季蛋糕。賞味

試著做幾道低卡清爽的可口蛋糕，提振好心情，或是以開胃小點當作今天的主食；即使在食欲不振、胃口不佳的酷熱炎夏，也不要放棄元氣小點的美味誘惑。

◎ **蛋糕的口味**　以低熱量、清爽口味爲原則，或是以開胃的食材製作鹹口味的主食小點心。

◎ **蛋糕的類別**　天使蛋糕、戚風蛋糕及各式海綿蛋糕等。

◎ **蛋糕的特性**　以清蒸或直火烘烤方式製作，以降低原來的熱量，增加口感的濕潤度與爽口的風味。

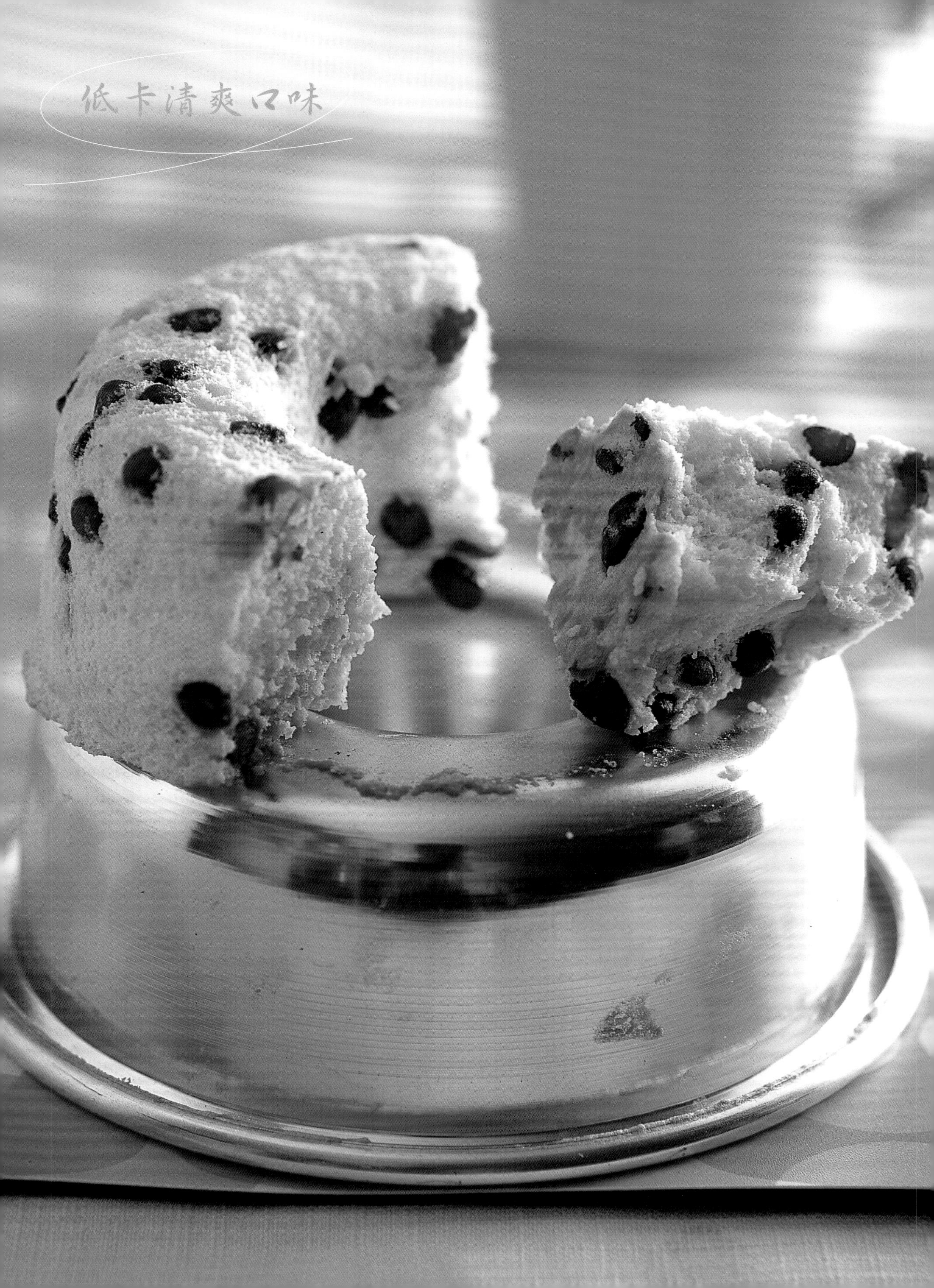
低卡清爽口味

紅豆天使蛋糕

蛋白打發法

材料 ▶ 細砂糖50g　鹽1/8小匙
　　　　塔塔粉1/4小匙　蛋白100克
　　　　檸檬皮1/2小匙　低筋麵粉40克
　　　　蜜紅豆65克

做法 ▶

1 細砂糖加鹽及塔塔粉放在同一容器中備用。

2 蛋白用攪拌機攪打至粗泡狀（圖a），分3次
　加入做法1的細砂糖及塔塔粉（圖b），以快
　速方式攪打後蛋白漸漸的呈發泡狀態，攪打
　的同時明顯出現紋路狀（圖c），最後呈小彎
　勾的九分發狀態即可。

3 刨入檸檬皮屑。（圖d）

4 篩入低筋麵粉，用打蛋器輕輕的攪拌方式均
　勻，再拌入蜜紅豆混合呈均勻的麵糊（圖
　e）。

5 用橡皮刮刀將麵糊刮入模型內至滿，並將表
　面抹平（圖f）。

6 烤箱預熱後，以上火180℃、下火190℃烘
　烤約20～25分鐘左右。

参考
份量

直徑13cm 高5cm　中空圓烤模1個

孟老師時間

★蛋白的打發程度與戚風蛋糕相同，（圖g & h）
　請參閱P.90南瓜戚風蛋糕的製作方式。

★需將烤模邊緣的麵糊擦拭乾淨，烘烤後較易脫
　模。（圖i）

★製作天使蛋糕時，整個烤模都不需抹油。

★天使蛋糕的脫模方式：待冷卻後，用手將蛋糕邊
　緣與烤模輕輕的撥開，再將烤模倒扣輕摔桌面即
　可脫模。

a　　　b
c　　　d
e　　　f
g　　　h
i

OS: 不含油脂的蛋糕代表，以蛋白為主料，試試看它的韌性效果。

最佳賞味 室溫保存，冷熱皆宜

鯛魚燒

蛋糖拌合法

材料 ▶ 全蛋2個　細砂糖30克　蜂蜜20克
　　　沙拉油2大匙　牛奶70克　味醂1小匙
　　　低筋麵粉90克　奶粉10克
　　　泡打粉1小匙　紅豆沙100克

做法 ▶

1 全蛋加細砂糖用打蛋器攪拌均勻，再分別加
入蜂蜜、沙拉油、牛奶及味醂，繼續攪勻至
細砂糖融化。

2 同時篩入低筋麵粉、奶粉及泡打粉，用打蛋
器以不規則方向攪拌呈均勻的麵糊狀。

3 將麵糊蓋上保鮮膜（圖a），放在冷藏室約
15分鐘左右。

4 鯛魚燒的模型放在瓦斯爐上用小火加熱，並
刷上均勻的無鹽奶油。

5 用湯匙舀入適量的麵糊（圖b）。

6 以小火煎烤麵糊，至麵糊表面出現小的孔洞
後（圖c），再填上適量的紅豆沙（圖d）。

7 用湯匙舀些適量麵糊蓋在紅豆沙表面，接著
將模型翻轉繼續以小火煎至金黃色即可。

參考份量

▣型 15cm　▣型 14cm　烤模6個

孟老師時間

★ 做法5在舀入麵糊時，可先將爐火關掉，較不易
將麵糊快速上色。

★ 紅豆沙可以其他餡料取代，例如：芋泥或棗泥
等。可先放在保鮮膜上壓平塑形後，再鋪在麵糊
表面，較為方便。（圖e）

OS: 與銅鑼燒大同小異的口感，卻因為有了特殊的造型，而更增添品嘗時的樂趣。

最佳賞味 室溫保存，冷食

清蒸檸檬蛋糕

蛋糖拌合法

材料 ▶ 檸檬皮屑1小匙　檸檬汁3大匙
　　　沙拉油3大匙　全蛋250克
　　　細砂糖180克　低筋麵粉190克
　　　泡打粉1/2小匙再加1/4小匙

做法 ▶

1 將烤模內部鋪上蛋糕紙備用。

2 將檸檬皮屑、檸檬汁及沙拉油放在同一容器
　中用湯匙攪勻備用。（圖a）

3 全蛋加細砂糖用攪拌機攪打（圖b），速度由
　慢而快顏色會由深慢慢變淺（圖c）。

4 快速攪打至顏色變成乳白色（圖d），撈起後
　滴落的蛋糊呈線條狀，不會立即消失（圖
　e），最後再以慢速攪打約1分鐘。

5 同時篩入低筋麵粉及泡打粉（圖f），接著倒
　入做法2的所有材料（圖g），用打蛋器從容
　器的底部刮起攪勻至無顆粒的麵糊狀。（圖
　h）

6 改用橡皮刮刀將附著在容器邊上的麵糊刮拌
　均勻。（圖i）

7 用橡皮刮刀將麵糊刮入模型內，放在室溫下
　靜置約10分鐘左右。（圖j）

8 放入沸騰的蒸鍋內，用中火蒸約20～25分
　鐘左右。

參考份量

20cm 20cm 烤模1個

孟老師時間

★烤模內部鋪上的蛋糕紙，與烤模高度相同。

★注意：如蛋糕確實打發後，篩入的麵粉也不會立
　即往下沉。（如做法5的圖f）

★檸檬可以香吉士取代。

★靜置後的麵糊，成品的組織較細密。

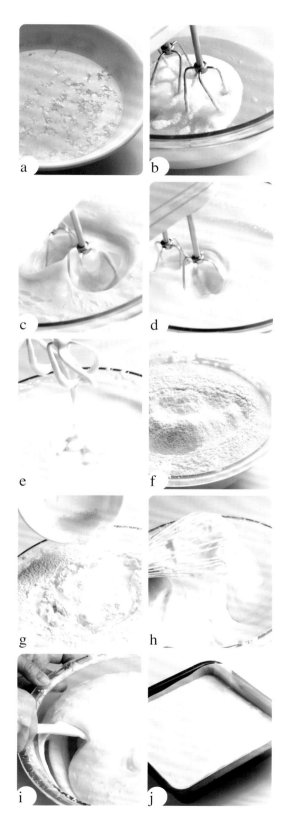

a
b
c
d
e
f
g
h
i
j

最佳賞味 室溫保存，冷食

白豆沙蒸糕

蛋糖
拌合法

材料 ▶ 白豆沙65克　牛奶40克　全蛋165克　細砂糖90克
低筋麵粉100克　泡打粉1/2小匙　蜜紅豆適量

做法 ▶

1 白豆沙加入牛奶中，用打蛋器攪勻備用。
（圖a）

2 全蛋加細砂糖用攪拌機攪打，速度由慢而
快顏色會由深慢慢變淺，快速攪打至顏色
變成乳白色，撈起後滴落的蛋糊呈線條
狀，不會立即消失，最後再以慢速攪打約
1分鐘。

3 同時篩入低筋麵粉及泡打粉，接著倒入做
法1的所有材料，用打蛋器從容器底部刮起攪勻至無顆粒麵糊狀。

4 改用橡皮刮刀將附著在容器邊上麵糊刮拌均勻，並加入蜜紅豆。

5 用橡皮刮刀將麵糊刮入模型內，放入沸騰的蒸鍋內，用中火蒸約
15〜20分鐘左右。

a

**參考
份量**

直徑 **10**cm 高 **3.5**cm
花形烤模4個

孟老師時間

★白豆沙蒸糕屬於蛋糖拌
合的海綿蛋糕體，請參
考P.79清蒸檸檬蛋糕的
蛋糖製作方式。

OS: 以白豆沙當作蛋糕配料，蒸出來的口感效果才是好！

澎湖黑糖糕

液體拌合法

材料 ▶ 紅糖200克（過篩後）　水200克　在來米粉125克
低筋麵粉125克　玉米粉1小匙　泡打粉2小匙
小蘇打粉1/4小匙　沙拉油40克　烤熟的白芝麻5克

做法 ▶

1 將烤模內部鋪上蛋糕紙備用。

2 在來米粉、低筋麵粉、玉米粉、泡打粉及小蘇打粉一
起過篩後備用。

a

b

3 紅糖加入水中，用打蛋器攪至
紅糖融化，再加入做法2的粉
料中。（圖a）

4 繼續用打蛋器以不規則方向攪
勻。（圖b）

5 加入沙拉油輕輕的攪成均勻的
麵糊，再蓋上保鮮膜放在室溫
下靜置約20分鐘左右。

6 用橡皮刮刀將麵糊刮入模型
內，並在表面撒上烤熟的白芝
麻。

7 放入沸騰的蒸鍋內，用中火蒸
約25～30分鐘左右。

參考
份量

長20cm 寬20cm　烤模1個

孟老師時間

可先將水加熱後再加入紅糖，即可
快速將紅糖融化，但須完全降溫後
再加入粉料。
烤模內部鋪上的蛋糕紙，與烤模高
度相同。

OS: 黑糖風味中最經典的蛋糕，自己做既方便又容易。

最佳賞味 室溫保存，冷食

雞蛋糕

蛋糖
拌合法

材料 ▶ 牛奶25克　香草精1/2小匙
　　　沙拉油10克　全蛋50克　細砂糖35克
　　　鹽1/4小匙　低筋麵粉45克
　　　泡打粉1/2小匙　奶粉1小匙
　　　SP乳化劑 5克

做法 ▶

1　模型刷上均勻的奶油後撒上麵粉，再將模型
　　倒扣，敲掉多餘的麵粉備用。
2　將牛奶、香草精及沙拉油放在同一容器中備
　　用。
3　全蛋加入細砂糖及鹽，並用攪拌機攪勻（圖
　　a）。
4　同時篩入低筋麵粉、泡打粉及奶粉並加入SP
　　乳化劑（圖b），用攪拌機以慢速至快速的方
　　式攪呈乳白色的麵糊狀。（圖c）
5　將攪拌速度放慢的同時，邊倒入做法2的所
　　有材料（圖d），攪呈均勻的麵糊狀。
6　將麵糊蓋上保鮮膜，在室溫下靜置約10分
　　鐘左右。
7　將麵糊糊裝入擠花紙袋內，並在袋口剪一小
　　洞口，擠入模型內約八分滿。（圖e）
8　烤箱預熱後，以上火180°C、下火190°C烘
　　烤約15～20分鐘左右。

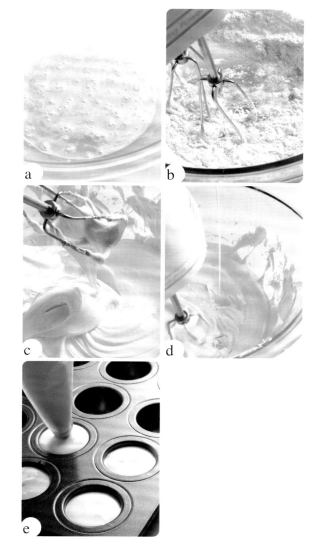

a
b
c
d
e

參考
份量

直徑4.5cm　高2cm　烤模24個

孟老師時間

★成品須待完全冷卻後，較方便脫模。
★為方便脫模，即使是鐵弗龍模型最好還是要抹油
　撒粉。
★靜置後的麵糊，成品的組織較細密。

簡易蜂蜜小蛋糕

最佳賞味 室溫保存，冷食

蛋糖拌合法

參考份量

直徑 6cm 高 4cm
紙模6個

材料 ▶ 沙拉油20克　蜂蜜30克　全蛋2個　細砂糖20克
　　　　低筋麵粉50克　泡打粉1/4小匙

做法 ▶

1 沙拉油與蜂蜜放在同一容器中，以隔水加熱或微波加熱方式，用湯匙攪勻備用。

2 全蛋加細砂糖用攪拌機攪打，速度由慢而快顏色會由深慢慢變淺。

3 快速攪打至顏色變成乳白色，撈起後滴落的蛋糊呈線條狀，不會立即消失，最後再以慢速攪打約1分鐘。

4 同時篩入低筋麵粉及泡打粉，接著倒入做法1的所有材料，用打蛋器從容器的底部刮起攪勻至無顆粒的麵糊狀。

5 改用橡皮刮刀將附著在容器邊上的麵糊刮拌均勻。

6 用橡皮刮刀將麵糊刮入模型內約八分滿，放在室溫下靜置約5分鐘左右。

7 烤箱預熱後，以上火180℃、下火160℃烘烤約15～20分鐘左右。

孟老師時間

★ 簡易蜂蜜小蛋糕是屬於蛋糖拌合的海綿蛋糕體，製作方式中的蛋、糖打發與攪拌方式，請參考P.79清蒸檸檬蛋糕。

★ 靜置後的麵糊，成品的組織較細密。

★ 材料內含有蜂蜜，須注意烘烤時底火溫度，不要太高溫，否則底部易烤焦。

OS:烤好後會縮是正常的，但卻不損蜂蜜蛋糕的香氣滋味。

清爽抹茶蛋糕

最佳賞味 室溫保存，冷食

法式分蛋法

材料 ▶ 蛋黃40克　細砂糖30克　抹茶粉1小匙　蛋白60克
細砂糖20克　低筋麵粉40克　糖漬栗子50克　糖粉2大匙

做法 ▶

1 蛋黃加細砂糖及抹茶粉用打蛋器攪拌均勻。

2 蛋白用攪拌機攪打至粗泡狀，分兩次加入細砂糖，以快速方式攪打後蛋白漸漸的呈發泡狀態，攪打的同時明顯出現紋路狀，最後呈小彎勾的九分發狀態即可。（如P.90南瓜戚風蛋糕的圖h）

3 取1/3的打發蛋白拌入做法1的抹茶蛋黃糊中，用橡皮刮刀稍微拌合。

4 加入剩餘的蛋白，輕輕的從容器底部刮起拌勻。

5 篩入低筋麵粉，繼續用橡皮刮刀將粉料壓入蛋白內並拌合成均勻的麵糊。

6 用橡皮刮刀將麵糊刮入紙模內至十分滿，並放上適量的糖漬栗子再篩適量的糖粉。

7 烤箱預熱後，以上火180℃、下火180℃烘烤約20～25分鐘左右。

參考份量

圓底7cm　高3.5cm
紙模4個

孟老師時間

★ 製作方式，請參考P.89法式海綿小蛋糕的做法及孟老師時間。

★ 糖漬栗子需切對切一半，大小較適中。

OS：低熱量的清爽蛋糕，享受無負擔的美味。

最佳賞味 室溫保存，冷食

大理石抹茶蜂蜜蛋糕

材料 ▶ 高筋麵粉110克　玉米粉15克
　　　泡打粉1/4小匙　沙拉油60克
　　　牛奶60克　蜂蜜30克
　　　抹茶粉2又1/2小匙　水2又1/2小匙
　　　蛋白200克　細砂糖110克
　　　蜜紅豆120克

做法 ▶

1 在慕斯框底部分別包上蛋糕紙及鋁箔紙備
　用。（如P.60嫩豆腐乳酪蛋糕的圖a）

2 分別將高筋麵粉、玉米粉及泡打粉放在同一
　容器中混合，沙拉油、牛奶及蜂蜜放在同一
　容器中混合，抹茶粉加水用湯匙攪成均勻的
　抹茶液備用。（圖a）

3 蛋白用攪拌機攪打成粗泡狀，分3次加入細
　砂糖，以快速方式攪打後蛋白漸漸的呈發泡
　狀態，攪打的同時明顯出現紋路狀，最後呈
　小彎勾的九分發狀態即可。

4 先將做法2的粉料約1/2的份量倒入打發的
　蛋白中，同時加入做法2的沙拉油混合液體
　約1/2的份量（圖b）。

5 用打蛋器從容器底部刮起拌勻後，再分別將
　做法2的其餘粉料及液體加入，輕輕拌成均
　勻的麵糊狀。

6 取做法5的麵糊約1/3的量，加入做法2的抹
　茶液，用橡皮刮刀拌成抹茶麵糊。（圖c）

7 將做法5的剩餘麵糊加入蜜紅豆，用橡皮刮
　刀輕輕拌勻。（圖d）

8 用橡皮刮刀將做法6的抹茶麵糊刮入做法7
　的蜜紅豆麵糊內，稍微攪拌成大理石狀（圖
　e），即可倒入模型內，將麵糊表面抹平。

9 烤箱預熱後，以上火180℃、下火180℃烘
　烤約25～30分鐘左右。

a

b

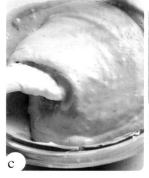
c

d

e

參考份量

▣18cm ▣18cm　正方形慕斯框1個

孟老師時間

★ 如使用一般的烤模，只需在內部鋪上一張蛋糕紙
　即可。

★ 也可將兩種麵糊分別倒入模型內，再用橡皮刮刀
　直接在烤模內拌成大理石狀。

OS: 看似大費周章的做法，但卻是極易成功的蛋糕。 (87)

法式海綿小蛋糕

材料 蛋黃40克　細砂糖30克
香草精1/2小匙　蛋白60克
細砂糖15克　低筋麵粉30克
玉米粉20克　椰子粉1大匙

做法

1 蛋黃加細砂糖及香草精，用打蛋器攪拌均勻。（圖a）

2 蛋白用攪拌機攪打成粗泡狀，分3次加入細砂糖，以快速方式攪打後蛋白漸漸的呈發泡狀態，攪打的同時明顯出現紋路狀，最後呈小彎勾的九分發狀態即可。

3 取1/3的打發蛋白拌入做法1的蛋黃糊中（圖b），用打蛋器稍微拌合。（圖c）

4 加入剩餘的蛋白（圖d），輕輕的從容器底部刮起拌勻。

5 同時篩入低筋麵粉及玉米粉（圖e），繼續用橡皮刮刀將粉料壓入蛋白內（圖f），並拌合成均勻的麵糊。

6 用擠花袋將麵糊擠入紙模內約九分滿（圖g），並撒上均勻的椰子粉。（圖h）

7 烤箱預熱後，以上火180℃、下火180℃烘烤約20～25分鐘左右。

參考份量

5.5cm　3.5cm　紙模6個

孟老師時間

★ 九分發的蛋白，撈起後會呈現小彎勾（圖i），與戚風蛋糕的蛋白打發狀態相同。

★ 為縮短攪拌時間，當打發的蛋白與蛋黃糊稍微拌合後，即可篩入粉料。

★ 法式分蛋海綿蛋糕的配方，液體的份量較少，最後可利用橡皮刮刀將粉料壓入蛋白內的方式，即可輕易的拌合均勻。

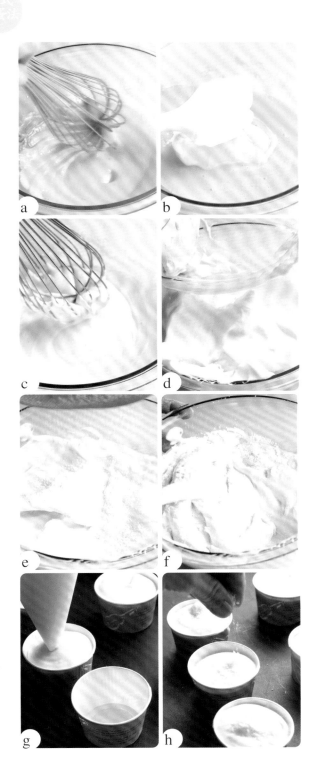

OS: 很熟悉的感覺吧？沒錯！就是與手指餅乾相同特性的麵糊與製作方式。

最佳賞味 室溫保存，冷食

南瓜戚風蛋糕

兩部
拌合法

材料 ▶ 南瓜50克（去皮後） 柳橙汁50克
蛋黃60克 細砂糖30克 鹽1/4小匙
蘋果40克（去皮後） 沙拉油45克
低筋麵粉90克 泡打粉1小匙
細砂糖60克 塔塔粉1/4小匙
蛋白140克

做法 ▶

1 南瓜去皮後切小塊蒸熟，瀝掉多餘水分，趁
熱用叉子壓成泥狀，加柳橙汁攪勻備用。
（圖a）

2 蛋黃加細砂糖30克及鹽用打蛋器攪拌均勻
（圖b），用擦薑板將蘋果磨成泥狀（圖c）後
加入。

3 分別加入做法1的所有材料及沙拉油繼續拌
勻。（圖d）

4 同時篩入低筋麵粉及泡打粉，用打蛋器以不
規則的方向（圖e），輕輕拌成均勻的麵糊。

5 細砂糖60克及塔塔粉放在同一容器內。

6 蛋白用攪拌機攪打至粗泡狀，分3次加入做
法5的細砂糖及塔塔粉，以快速方式攪打後
蛋白漸漸的呈發泡狀態（圖f），攪打的同時
明顯出現紋路狀（圖g），最後呈小彎勾的九
分發狀態即可。（圖h）

7 取約1/3的打發蛋白，加入做法4的麵糊內
（圖i），用橡皮刮刀輕輕的稍微拌合。

8 加入剩餘的蛋白，繼續用橡皮刮刀輕輕的從
容器底部刮起拌勻（圖j）。

9 用橡皮刮刀將麵糊刮入模型內，並將表面稍
微抹平即可。

10 烤箱預熱後，以上火180°C、下火190°C烘
烤約25～30分鐘左右。

OS: 黃澄澄的南瓜拌入其中，很低調的表現，卻有潛在的美味。

k

l

m

8吋中空活動式的圓烤模1個

孟老師時間

★ 蛋白九分發的狀態：a.撈起後呈小彎勾（圖h）。b.外觀光澤且細緻。c.倒扣蛋白後成固定狀，不會滴落。（圖k）

★ 蛋白五、六分發的狀態：發泡後但仍會流動，無法固定在容器內。（圖l）

★ 出爐後，立刻將蛋糕懸空倒扣（圖m），待完全冷卻後再用小刀將四周及中心劃開，即可脫模。

★ 製作戚風蛋糕，最好以中空底部可活動式的圓烤模來製作較理想，不可使用鐵弗龍材質，以免成品收縮。

★ 製作戚風蛋糕時，模型的底部及四周都不需抹油，烘烤過程中，鬆發的麵糊才可附著在模型上，最後的成品才不會收縮。

★ 蛋糕烘烤完成時，須用小尖刀插入蛋糕中央完全沒有沾黏即可。（請參考P.14 的圖m & 圖n）。

最佳賞味 室溫保存，冷食

藍莓乳酪戚風蛋糕

材料 ▶ 奶油乳酪（Cream Cheese）35克
細砂糖30克　牛奶70克　蛋黃65克
沙拉油35克　低筋麵粉90克
泡打粉1小匙　細砂糖60克
塔塔粉1/4小匙　蛋白135克
小藍莓乾50克

做法 ▶

1 奶油乳酪放在室溫下軟化後，加細砂糖30克用橡皮刮刀拌勻，再加入牛奶改用打蛋器攪勻至無顆粒狀。

2 分別加入蛋黃及沙拉油，並繼續用打蛋器拌勻。

3 同時篩入低筋麵粉及泡打粉，用打蛋器以不規則的方向，輕輕拌成均勻的麵糊。

4 細砂糖60克及塔塔粉放在同一容器內。

5 蛋白用攪拌機攪打至粗泡狀，分3次加入做法4的細砂糖及塔塔粉，以快速方式攪打後蛋白漸漸的呈發泡狀態，攪打的同時明顯出現紋路狀，最後呈小彎勾的九分發狀態即可。

6 取約1/3的打發蛋白，加入做法3的麵糊內，用橡皮刮刀輕輕的稍微拌合。

7 加入剩餘的蛋白，再輕輕的從容器底部刮起拌勻。

8 加入小藍莓乾，用橡皮刮刀輕輕拌勻。

9 用橡皮刮刀將麵糊刮入模型內，用橡皮刮刀將表面稍微抹平即可。

10 烤箱預熱後，以上火180℃、下火190℃烘烤約25～30分鐘左右。

參考份量

8吋中空活動式的圓烤模1個

孟老師時間

★ 製作方式，請參考P.90南瓜戚風蛋糕的做法及孟老師時間。

★ 如無法取得野生小藍莓乾，可利用葡萄乾或蔓越莓乾代替。

OS: 這不是一般的乳酪蛋糕，點到為止的乳酪，只是提味效果。

兩部
拌合法

紅麴大理石戚風蛋糕

材料▶ 蛋黃60克　細砂糖30克　香草精1/2小匙
沙拉油35克　牛奶70克　低筋麵粉90克
泡打粉1小匙　細砂糖60克
塔塔粉1/4小匙　蛋白135克　紅麴2小匙

做法▶

1 蛋黃加細砂糖30克及香草精，用打蛋器攪拌均勻。

2 分別加入沙拉油及牛奶繼續拌勻。

3 同時篩入低筋麵粉及泡打粉，用打蛋器以不規則的方向，輕輕拌成均勻的麵糊。

4 細砂糖60克及塔塔粉放在同一容器內。

5 蛋白用攪拌機攪打至粗泡狀，分3次加入做法4的細砂糖及塔塔粉，以快速方式攪打後蛋白漸漸的呈發泡狀態，攪打的同時明顯出現紋路狀，最後呈小彎勾的九分發狀態即可。

6 先取1/3的打發蛋白加在做法3的麵糊內用橡皮刮刀稍微拌合。

7 加入剩餘的蛋白，再輕輕的從容器底部括起拌勻。

8 取做法7的麵糊約125克加入紅麴，用橡皮刮刀輕輕拌成紅麴麵糊備用。

9 用橡皮刮刀將麵糊刮入模型內，接著倒入做法8的紅麴麵糊，用橡皮刮刀將兩種麵糊稍微拌合成大理石狀即可。

10 烤箱預熱後，以上火180℃、下火190℃烘烤約25～30分鐘左右。

參考份量

8吋中空活動式的圓烤模1個

孟老師時間

★製作方式，請參考P.90南瓜戚風蛋糕的做法及孟老師時間。

★兩種麵糊拌合成大理石狀的方式，請參考P.87大理石抹茶蜂蜜蛋糕的做法。

OS：不要懷疑！試試看以料理用的紅麴來製作蛋糕，有意想不到的驚豔效果。

兩部
拌合法

最佳賞味 室溫保存，冷食

松子楓糖戚風蛋糕

材料 ▶ 松子20克　蛋黃60克　細砂糖10克
　　　楓糖45克　鹽1/4小匙　沙拉油35克
　　　牛奶45克　低筋麵粉90克　泡打粉1小匙
　　　細砂糖60克　塔塔粉1/4小匙
　　　蛋白135克

做法 ▶

1 烤箱預熱後，以上火150℃、下火120℃將松
　 子烘烤約10分鐘左右，鋪在烤模底部備用。

2 蛋黃分別加入細砂糖10克、楓糖及鹽，用打
　 蛋器攪拌均勻。

3 分別加入沙拉油及牛奶繼續拌勻。

4 同時篩入低筋麵粉及泡打粉，用打蛋器以不
　 規則的方向，輕輕拌成均勻的麵糊。

5 細砂糖60克及塔塔粉放在同一容器內。

6 蛋白用攪拌機攪打至粗泡狀，分3次加入做法

5的細砂糖及塔塔粉，以快速方式攪打後蛋白
漸漸的呈發泡狀態，攪打的同時明顯出現紋
路狀，最後呈小彎勾的九分發狀態即可。

7 取約1/3的打發蛋白，加入做法4的麵糊內，
　 用橡皮刮刀輕輕的稍微拌合。

8 加入剩餘的蛋白，繼續用橡皮刮刀輕輕的從
　 容器底部刮起拌勻。

9 用橡皮刮刀將麵糊刮入模型內，並將表面稍
　 微抹平即可。

10 烤箱預熱後，以上火180℃、下火190℃烘烤
　　約25～30分鐘左右。

**參考
份量**

8吋中空活動式的圓烤模1個

孟老師時間

★製作方式，請參考P.90南瓜戚風蛋糕的做法及孟老
　師時間。

★如無法取得松子，可利用任何堅果代替。

OS: 似有若無的楓糖香，千萬別加太多，才能與清淡的蛋糕口感搭配。

肉鬆海綿蛋糕

 蛋糖拌合法

材料 ▶ 牛奶35克　沙拉油25克　低筋麵粉100克
泡打粉1/4小匙　全蛋200克
細砂糖120克　鹽1/4小匙
SP乳化劑1小匙　肉鬆45克

做法 ▶

1 將烤模內部鋪上蛋糕紙備用。

2 牛奶與沙拉油放在同一容器內，低筋麵與泡打粉一起過篩備用。

3 全蛋加入細砂糖及鹽用攪拌機攪勻。

4 分別加入SP乳化劑及過篩後的粉料，用攪拌機以慢速至快速的方式攪呈乳白色的糊狀。

5 快速攪拌的同時，將做法2的所有液體材料慢慢加入做法4的材料中，續攪約2～3分鐘呈均勻的麵糊狀。

6 用橡皮刮刀將做法5的1/2的麵糊刮入烤模內，並將表面抹平。

7 烤箱預熱後，以上火180℃、下火170℃烘烤約10～15分鐘左右，待麵糊定型。

8 將烤箱內的烤模托出，鋪上均勻的肉鬆，再刮入剩餘麵糊，用橡皮刮刀將表面抹平。

9 繼續以上火180℃、下火170℃烘烤約15分鐘左右。

參考份量

20cm ⬜20cm　烤模1個

孟老師時間

★ 做法4的全蛋加入細砂糖及鹽用攪拌機混合攪勻即可，不需打發。

★ 僅需將做法7的麵糊表面烘烤定型，即可倒入剩餘的麵糊繼續烘烤至熟透。

★ 如P.79清蒸檸檬蛋糕的乳白色麵糊，兩者均屬於全蛋式的海綿蛋糕，差別在於材料加入的先後順序，肉鬆海綿蛋糕內的粉料是與SP乳化劑先加入攪打，最後的成品口感較細密。

★ 因麵糊分次烘烤，因此添加少量的SP乳化劑，以免麵糊快速消泡。

開胃鹹口味

OS：微鹹的肉鬆香，盡量添加在沒有奶油味的蛋糕體中，才可呈現協調又順口的風味。

最佳賞味 室溫保存，熱食

薯泥起士馬芬

液體
拌合法

材料 ▶ 馬鈴薯（去皮後）120克　鹽1/2小匙
黑胡椒1小匙　細砂糖20克　全蛋1個
沙拉油50克　牛奶40克
低筋麵粉75克　泡打粉1/2小匙
小蘇打粉1/8小匙　切達起士 1片

1 馬鈴薯切成小塊蒸熟後，趁熱用叉子壓成泥
狀，接著加入鹽及黑胡椒用湯匙拌勻備用。
2 細砂糖分別加入全蛋及沙拉油，用打蛋器攪
拌均勻。
3 加入牛奶後，接著加入做法1的薯泥，用打
蛋器攪拌呈均勻的液體。
4 低筋麵粉、泡打粉及小蘇打粉一起過篩，再
加入做法3中，改用橡皮刮刀以不規則方向
輕輕攪拌呈均勻的麵糊。
5 用手將切達起士撕成小塊，再加入做法4的
麵糊中，繼續用橡皮刮刀輕輕拌勻。
6 用橡皮刮刀將麵糊刮入紙模內約八分滿。
7 烤箱預熱後，以上火190℃、下火180℃烘
烤約20～25分鐘左右。

**參考
份量**

直徑 6.5cm　高 3cm　紙模約5個

孟老師時間

★ 鹽與黑胡椒的份量可依個人的口味做
增減。
★ 麵糊的攪拌方式，請參考P.33全麥葡萄
乾馬芬的做法。

OS: 淡而無味的馬鈴薯，藉由黑胡椒與起士的調味，搖身一變成為很開胃的點心。

最佳賞味 室溫保存，熱食

咖哩薯條馬芬

液體拌合法

材料 ▶ 馬鈴薯（去皮後）145克　全蛋1個
　　　細砂糖10克　鹽1/2小匙　沙拉油60克
　　　牛奶25克　低筋麵粉90克
　　　泡打粉1/2小匙　小蘇打粉1/4小匙
　　　咖哩粉1又1/2小匙　生的白芝麻1大匙

做法 ▶

1 將馬鈴薯切成長約5cm的條狀，蒸熟後放涼備用。

2 全蛋加細砂糖及鹽用打蛋器攪拌均勻。

3 分別加入沙拉油及牛奶，繼續攪成均勻的液體狀。

4 低筋麵粉、泡打粉、小蘇打粉及咖哩粉一起過篩，再加入做法3中，改用橡皮刮刀以不規則方向攪拌呈均勻的麵糊。

5 加入做法1的馬鈴薯，並用橡皮刮刀輕輕的拌勻。

6 用湯匙將麵糊舀入紙模內約八分滿，並在麵糊表面撒上適量的白芝麻。

7 烤箱預熱後，以上火190℃、下火180℃烘烤約25～30分鐘左右。

參考份量

直徑 6.5cm 高 3cm　紙模約5個

孟老師時間

★麵糊的攪拌方式，請參考P.33全麥葡萄乾馬芬的做法。

OS: 以馬鈴薯當作主料所製作的馬芬，是主食也是點心。

97

材料 ▶ 無鹽奶油80克　低筋麵粉80克　泡打粉1/4小匙
　　　蛋黃1個　煉奶60克　杏仁粉15克　玉米粒80克
　　　披薩起士 50克　黑胡椒1小匙

做法 ▶

1 無鹽奶油在室溫軟化後，同時篩入低筋麵粉及泡打粉，先
用橡皮刮刀稍微拌合。

2 改用攪拌機由慢速至快速攪拌均勻，呈光滑細緻的糊狀。

3 加入蛋黃繼續攪打，分次加入煉奶快速攪拌均勻。

4 加入杏仁粉，用攪拌機快攪均勻。

5 用橡皮刮刀將麵糊刮入紙模內約八分滿。

6 表面放上適量玉米粒及披薩起士，並撒上少許黑胡椒。

7 烤箱預熱後，以上火180℃、下火180℃烘烤約25～30鐘
左右。

最佳賞味 室溫保存，熱食

玉米香辣小蛋糕

油粉拌合法

參考
份量

長5.5cm 寬4cm 高4cm
紙模約4個

孟老師時間

★麵糊的製作方式，請
參考P.43無花果楓糖
蛋糕的做法。

OS: 一定要趁熱享用，就能享用披薩起士剛出爐的軟滑香濃好口感。

培根洋蔥鹹馬芬

最佳賞味 室溫保存，熱食

液體拌合法

材料▶ 培根50克　洋蔥丁70克　全蛋1個　細砂糖10克
　　　　沙拉油60克　牛奶40克　低筋麵粉90克
　　　　泡打粉1/2小匙　小蘇打粉1/8小匙

做法▶

1 培根切碎後，先入乾的熱鍋中炒香，再放入洋蔥丁，以小火炒軟放涼備用。

2 全蛋加細砂糖用打蛋器攪拌均勻。

3 分別加入沙拉油及牛奶，繼續攪成均勻的液體狀。

4 低筋麵粉、泡打粉及小蘇打粉一起過篩，再加入做法3中，改用橡皮刮刀以不規則方向攪拌呈均勻的麵糊。

5 加入做法1的所有材料，用橡皮刮刀輕輕的拌勻。

6 用湯匙將麵糊舀入紙模內約七分滿。

7 烤箱預熱後，以上火190℃、下火180℃烘烤約25～30分鐘左右。

參考份量

6.5cm　3cm
紙模約5個

孟老師時間

★ 培根與洋蔥丁需經爆炒後，才有香氣。

★ 麵糊的攪拌方式，請參考P.33全麥葡萄乾馬芬的做法。

OS: 培根加洋蔥的經典組合，很提味也很開胃！

99

海苔軟綿小蛋糕 蛋糖拌合法

材料 ▶ 牛奶1大匙　香草精1/2小匙
　　　　沙拉油20克　全蛋60克　細砂糖25克
　　　　鹽1/4小匙　玉米粉25克
　　　　低筋麵粉25克　SP乳化劑1小匙
　　　　芝麻海苔粉1大匙

做法 ▶

1 將牛奶、香草精及沙拉油放在同一容器中備用。

2 全蛋加入細砂糖及鹽，並用攪拌機攪勻。（圖a）

3 同時篩入玉米粉及低筋麵粉，並加入SP乳化劑（圖b），用攪拌機以慢速至快速的方式攪呈乳白色的麵糊狀。（圖c）

4 將攪拌速度放慢的同時，邊加入做法1的所有材料，攪呈均勻的麵糊狀。（圖d）

5 用橡皮刮刀將麵糊刮入紙模內約八分滿，並在表面撒上均勻的芝麻海苔粉。

6 烤箱預熱後，以上火180℃、下火160℃烘烤約20～25分鐘左右。

參考份量

6.5cm　3cm　紙模約5個

孟老師時間

★ 麵糊的製作方式，與P.83的雞蛋糕相同。
★ 芝麻海苔粉在一般超市即可購得。

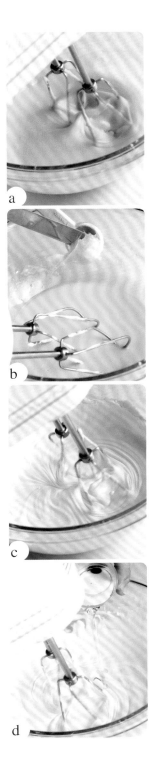

a

b

c

d

楓葉紅了，滿天遍野都是秋意，
趁著天高氣爽的好氣候，到郊外去踏青。
做好三明治，帶瓶紅酒，
也別忘了準備蛋糕當點心。
奶香堅果口味和滋養高纖口味，
都讓身心獲得了飽足。

Part 3

Autumn

秋季蛋糕。賞味

時序宜人的秋季，漸漸挑起了味蕾的渴望，品嘗家常滋養的蛋糕美味，咀嚼高纖的好口感，儲備能量不必與口腹之欲作對。

- 蛋糕的口味　以奶香、堅果味及高纖為主，平易近人的風味，老少咸宜。
- 蛋糕的類別　馬芬及奶油蛋糕。
- 蛋糕的特性　可根據個人的口味喜好，選取或更換食材，在基礎蛋糕之上做變化。

奶茶馬芬

最佳賞味 室溫保存，一天後品嘗

液體 拌合法

材料 ▶ 紅茶包4小包　牛奶50克　全蛋2個　細砂糖120克
　　　　沙拉油100克　低筋麵粉200克　泡打粉2小匙

做法 ▶

1 取出紅茶包內的茶葉，與牛奶混合浸泡約10分鐘以上，呈咖啡色的奶茶汁液備用。

2 全蛋加細砂糖用打蛋器攪勻，再加入沙拉油攪拌均勻。

3 加入做法1的奶茶汁液，繼續攪成均勻的液體狀。

4 低筋麵粉與泡打粉一起過篩，再加入做法3中，改用橡皮刮刀以不規則方向攪拌呈均勻的麵糊。

5 用湯匙將麵糊舀入紙模內約八分滿。

6 烤箱預熱後，以上火190℃、下火180℃烘烤約25～30分鐘左右。

參考份量

直徑 7cm　高 5cm
紙模約6個

孟老師時間

★麵糊的攪拌方式，請參考P.33全麥葡萄乾馬芬的做法及孟老師時間。

OS：名副其實有茶香也有奶味！要用茶包製作，才可利用茶渣當作配料，將風味提升。

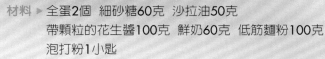

花生醬馬芬

液體
拌合法

材料 ▶ 全蛋2個　細砂糖60克　沙拉油50克
帶顆粒的花生醬100克　鮮奶60克　低筋麵粉100克
泡打粉1小匙

做法 ▶

1 全蛋加細砂糖用打蛋器攪勻，再加入沙拉油攪拌均勻。

2 分別加入帶顆粒的花生醬及鮮奶，繼續攪成均勻液體狀。

3 低筋麵粉與泡打粉一起過篩，再加入做法2中，改用橡皮
刮刀以不規則方向攪拌呈均勻的麵糊。

4 用湯匙將麵糊舀入紙模內約八分滿。

5 烤箱預熱後，以上火190℃、下火180℃烘烤約25～30分
鐘左右。

參考
份量

直徑 7cm　高 5cm
紙模約4個

孟老師時間

★ 麵糊的攪拌方式，請
參考P.33全麥葡萄乾
馬芬的做法及孟老師
時間。

OS: 花生醬具有濃郁厚重的口感，製作馬芬香氣十足，一定要試試這樣的家常滋味。

蜂蜜核桃蛋糕

最佳賞味 室溫保存，冷食

糖油拌合法

材料 ▶

A 裝飾： 金砂糖（二砂糖）25克　水2大匙
核桃8粒（完整顆粒）

B 碎核桃65克　無鹽奶油55克　金砂糖25克　全蛋35克
蜂蜜30克　低筋麵粉60克　泡打粉1/4小匙

做法 ▶

1 材料A金砂糖加水攪勻至融化，再加入核桃備用。（圖a）

2 烤箱預熱後，材料B碎核桃以上、下火150℃烘烤10分鐘
左右，放涼備用。

3 無鹽奶油在室溫軟化後，加金砂糖用攪拌機攪拌均勻。

4 分次加入全蛋以快速方式攪勻，再加入蜂蜜繼續攪勻。

5 同時篩入低筋麵粉及泡打粉，改用橡皮刮刀稍微拌合。

6 加入做法2的碎核桃，繼續用橡皮刮刀以不規則方向拌勻
呈麵糊狀。

7 用橡皮刮刀將麵糊刮入烤模內，並在表面放上做法1的兩
粒核桃。

8 烤箱預熱後，以上火190℃、下火180℃烘烤約25～30分
鐘左右。

參考份量

長徑10cm　高2.5cm
橢圓紙模4個

孟老師時間

★ 蛋糕表面裝飾用的核
桃，不需事先烤熟。

★ 麵糊的製作方式，請
參考P.37金黃橙絲蛋
糕的做法。

a

OS：金砂糖加上蜂蜜，強化成品上色的速度與效果，還以核桃帶動香氣，非常溫暖的好滋味。

奶香芝麻蛋糕

最佳賞味 室溫保存，冷食

糖油拌合法

材料 ▶ 無鹽奶油100克　糖粉60克　蛋黃40克　鮮奶2大匙
低筋麵粉80克　泡打粉1/2小匙　奶粉20克
杏仁粉20克　黑、白芝麻各1大匙

做法 ▶

1 無鹽奶油在室溫軟化後，加糖粉先用橡皮刮刀稍微拌合，再改用攪拌機攪勻。

2 分次加入蛋黃，以快速方式攪勻，接著加入鮮奶繼續快攪均勻。

3 同時篩入低筋麵粉、泡打粉及奶粉，改用橡皮刮刀稍微拌合，再分別加入杏仁粉及黑、白芝麻，以不規則方向輕輕拌勻呈麵糊狀。

4 用橡皮刮刀將麵糊刮入烤模內約八分滿。

5 烤箱預熱後，以上火190℃、下火180℃烘烤約20～25分鐘左右。

參考份量

☐9cm　☐3cm　☐2cm
鋁模8個

孟老師時間

★ 麵糊的攪拌方式，請參考P.37金黃橙絲蛋糕的做法。

OS：十足濃郁的芝麻香氣，特別以小模型烘烤，才會有恰到好處的咀嚼風味。

小炸彈

最佳賞味 室溫保存，冷食

液體
拌合法

材料 ▶

A 無鹽奶油60克　全蛋65克　細砂糖40克　柳橙汁20克

B 低筋麵粉60克　泡打粉1/2小匙　杏仁粉15克　杏仁粒適量

做法 ▶

1 無鹽奶油用小火直接加熱至融化且稍微沸騰，放涼備用。

2 全蛋加入細砂糖及柳橙汁，用打蛋器攪拌均勻。

3 加入做法1的融化奶油，繼續攪成均勻的液體狀。

4 低筋麵粉與泡打粉一起過篩，與杏仁粉全部倒入做法3中，改用橡皮刮刀以不規則方向攪拌呈均勻的麵糊。

5 將麵糊蓋上保鮮膜，放入冷藏室鬆弛約1小時。

6 用湯匙將麵糊舀入紙模內約八分滿，並在表面撒上適量的杏仁粒。

7 烤箱預熱後，以上火190℃、下火180℃烘烤約20～25分鐘左右。

參考份量

直徑6cm　高3cm
紙模約6個

孟老師時間

柳橙汁可用其他的果汁或牛奶代替。
鬆弛後的麵糊，成品的組織較細密。

　OS: 材料沒有打發，不會有太鬆發的外表，靠著柳橙汁與杏仁粉加強特殊風味與好口感。

最佳賞味 室溫保存，冷食

果醬夾心蛋糕

糖油拌合法

材料 ▶ 無鹽奶油70克　細砂糖60克　香草精1小匙
　　　全蛋110克　奶粉30克　低筋麵粉110克
　　　泡打粉1小匙　草莓果醬3大匙

做法 ▶

1 無鹽奶油在室溫軟化後，分別加入細砂糖及香草精，
　用攪拌機攪拌均勻。

2 分次加入全蛋，以快速方式攪勻。

3 同時篩入奶粉、低筋麵粉及泡打粉，改用橡皮刮刀以
　不規則方向拌勻呈麵糊狀。

4 用橡皮刮刀將麵糊刮入紙模內約1/2處，並用湯匙將麵
　糊中心挖成凹狀，再填入約1小匙的果醬。

5 在果醬表面填入麵糊約至模型的八分滿。

6 烤箱預熱後，以上火190℃、下火180℃烘烤約25～30
　分鐘左右。

參考份量

9.5cm　4.5cm　3.5cm
紙模4個

孟老師時間

★ 草莓果醬可用任何口味的
　果醬代替。

★ 麵糊的攪拌方式，請參考
　P.37金黃橙絲蛋糕的做
　法。

OS: 選用個人喜愛的果醬當作夾心，簡單又討好，小兵也能立大功。

法式家常小蛋糕

擠油
拌合法

材料 ▶ 無鹽奶油80克
　　　　T.P.T.（杏仁粉、糖粉各半）100克
　　　　蛋黃2個　鮮奶2大匙　低筋麵粉70克
　　　　泡打粉1/4小匙　葡萄乾20克
　　　　椰子粉適量

做法 ▶

1 無鹽奶油在室溫軟化備用。

2 T.P.T.用粗網篩過篩後（如P.117法式小軟糕
　的圖a），分別加入無鹽奶油及蛋黃，用攪拌
　機攪打均勻。

3 加入鮮奶，繼續以快速方式攪勻。

4 同時篩入低筋麵粉及泡打粉，改用橡皮刮刀
　以不規則方向拌勻呈麵糊狀。

5 用橡皮刮刀將麵糊刮入紙模內約八分滿，表
　面抹平後並放上8粒的葡萄乾，最後撒上適
　量的椰子粉。

6 烤箱預熱後，以上火180℃、下火180℃烘
　烤約20～25分鐘左右。

參考
份量

直徑7cm 高2cm 紙模8個

孟老師時間

★雖然由T.P.T.與奶油先拌合，但依然具備糖油拌合
法的基本原則，請參考 P.37金黃橙絲蛋糕的麵糊
攪拌方式。

★T.P.T.是法式點心中材料的表示方式，除非有特別
標明是何種堅果粉，否則T.P.T.（Tant Pour Tant的
縮寫）即是杏仁粉與糖粉各一半的意思；例如：
T.P.T. 120克＝杏仁粉與糖粉各60克，必須同時過
篩，再與其他材料拌合，質地才會細緻均勻。

OS: 加了杏仁粉而有法式的感覺，是個梨

香甜栗子小蛋糕

材料 ▶ 無鹽奶油100克　糖粉80克　蛋黃2個
動物性鮮奶油2大匙　香草精1/2小匙
低筋麵粉60克　杏仁粉30克
糖漬栗子24粒　鏡面果膠適量

做法 ▶

1 無鹽奶油在室溫軟化後，加糖粉先用橡皮刮刀稍微拌合，再改用攪拌機攪勻。

2 分別加入蛋黃、動物性鮮奶油及香草精，繼續以快速方式攪勻。

3 篩入低筋麵粉並同時加入杏仁粉，改用橡皮刮刀以不規則方向拌勻呈麵糊狀。

4 用橡皮刮刀將麵糊刮入紙模內，並將表面抹平，再放上3粒糖漬栗子。

5 烤箱預熱後，以上火190℃、下火180℃烘烤約20～25分鐘左右。

6 待出爐放涼後，在表面刷上均勻的鏡面果膠裝飾。

參考
份量

■■6cm　■■2cm　紙模8個

孟老師時間

★鏡面果膠可增加成品光澤，需先攪勻呈流質狀才可刷在蛋糕表面，純為裝飾效果，如無法取得也可省略。

★麵糊的製作方式，請參考P.37金黃橙絲蛋糕的做法。

OS: 原來是以「派」的方式呈現，但是少了派皮，卻多了品嘗蛋糕的滋味。

參考
份量

長19cm 寬9cm 高3cm
紙模1個

孟老師時間

★ 4種堅果可同時放在烤盤內烘
　烤，並可以其他堅果代替。
★ 麵糊的攪拌方式，請參考
　P.37金黃橙絲蛋糕的做法。
★ 四個四分之一蛋糕（Quatre
　Quarts），法國人的稱法，
　其實是與磅蛋糕（Pound
　Cake）具相同意義的重奶油
　蛋糕，是由奶油、細砂糖、
　全蛋及低筋麵粉各250公克
　（1000克的四分之一）的同
　等份量所製作，而得名「四
　個四分之一蛋糕」

最佳賞味 室溫保存，冷食

四個四分之一蛋糕

糖油
拌合法

材料 ▶
A 杏仁豆、核桃、南瓜子仁、松子各15克
B 無鹽奶油60克　細砂糖60克
　香草精1/2小匙　全蛋60克　低筋麵粉60克
　泡打粉1/4小匙　糖粉適量

做法 ▶
1 烤箱預熱後，以上、下火150℃將杏仁豆、
　核桃、南瓜子仁及松子烘烤10分鐘左右，
　放涼後用料理機混合攪碎備用。
2 無鹽奶油在室溫軟化後，分別加入細砂糖及
　香草精，用攪拌機攪拌均勻。

3 分次加入全蛋，以快速方式攪勻。
4 同時篩入低筋麵粉及泡打粉，改用橡皮刮刀
　稍微拌合。
5 取做法2的混合堅果約1/2的份量，加入做
　法5中，用橡皮刮刀以不規則方向輕輕拌勻
　呈麵糊狀。
6 用橡皮刮刀將麵糊刮入烤模內，將麵糊表面
　抹平後，再將剩餘混合堅果均勻鋪在表面。
7 烤箱預熱後，以上火180℃、下火190℃烘
　烤約25～30分鐘左右。
8 蛋糕放涼後，在表面篩些適量的糖粉裝飾。

OS: 不是故弄玄虛，是真有其名，換了國家而有不同稱法的「磅蛋糕」，在法國很普遍也很受歡迎。

金磚

液體
拌合法

材料 ▶ 無鹽奶油50克　細砂糖40克　蛋白60克
　　　柳橙皮 1個　杏仁粉40克
　　　低筋麵粉20克　泡打粉1/8小匙

做法 ▶

1 烤模內刷上均勻的奶油後撒上麵粉，再將多
　餘的麵粉敲出備用。

2 無鹽奶油以隔水加熱或微波加熱方式將奶油
　融化，待降溫後分別加入細砂糖及蛋白，用
　打蛋器輕輕攪勻。

3 刨入柳橙皮屑，接著加入杏仁粉繼續用打蛋
　器攪勻。

4 同時篩入低筋麵粉及泡打粉，用打蛋器以不
　規則方向輕輕的攪勻呈麵糊狀。

5 將麵糊蓋上保鮮膜，冷藏約1小時。

6 用湯匙將麵糊舀入烤模內約九分滿。

7 烤箱預熱後，以上火190°C、下火190°C烘
　烤約15～20分鐘左右。

參考份量

長9cm **寬**4.5cm **高**1cm 烤模6個

孟老師時間

★ 模型內部防沾用的奶油與麵
　粉，均為材料中額外的份量。

★ 易沾黏的成品，製作時需先將
　烤模抹油撒粉，以利脫模。模
　型刷上奶油後，接著倒入約1大
　匙的麵粉，並用手輕拍模型，
　使得麵粉均勻的附著在奶油表
　面，最後再將模型反扣輕敲幾
　下，再倒出多餘的麵粉。（如
　P.137聖誕布丁蛋糕的圖a）

★ 柳橙皮也可換成檸檬皮，利用
　擦薑板即可將外皮刮出屑狀
　（如P.75 紅豆天使蛋糕的圖d），
　盡量取表皮部分，不要刮到白
　色筋膜，以免苦澀。

OS: 常溫蛋糕中的熟悉產品，因外型討好，老少咸宜的美味，而成為伴手禮不可少的一項。

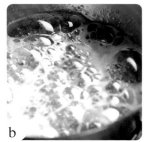
參考
份量

直徑 10cm 高 3cm
烤模3個

孟老師時間

★ 模型內部防沾用的奶
 油，為材料中額外的份
 量。
★ 待成品完全冷卻後，即
 可用小尖刀緊貼著烤模
 周圍劃開，即可脫模。

最佳賞味 室溫保存，冷熱皆宜

檸檬杏仁蛋糕

液體
拌合法

材料 ▶

A 蛋糕體：杏仁片適量 無鹽奶油30克
全蛋2個 蛋黃1個 細砂糖70克
低筋麵粉100克 玉米粉25克 杏仁粉25克
香草精1/2小匙 檸檬皮1個

B 檸檬糖漿：細砂糖60克 檸檬汁2大匙
檸檬1個

做法 ▶

1 模型內部刷上均勻的無鹽奶油，並貼上均勻
 的杏仁片（圖a），再將烤模冷凍備用。

2 無鹽奶油以隔水加熱或微波加熱方式將奶油
 融化，放涼備用。

3 全蛋、蛋黃及細砂糖用打蛋器攪拌均勻。

4 同時篩入低筋麵粉及玉米粉，再加入杏仁粉

及做法2的奶油，改用橡皮刮刀稍微拌合。

5 加入香草精並刨入檸檬皮屑（如P.75紅豆天
 使蛋糕的圖d），繼續用橡皮刮刀以不規則方
 向輕輕的攪勻呈麵糊狀。

6 將麵糊蓋上保鮮膜，在溫室下靜置約20分
 鐘左右。

7 用橡皮刮刀將麵糊刮入烤模內約八分滿。

8 烤箱預熱後，以上火190℃、下火190℃烘
 烤約20～25分鐘左右。

9 檸檬糖漿：細砂糖加檸檬汁，用小火煮至砂
 糖融化並沸騰，再續煮約1分鐘左右（圖
 b），熄火後再刨入檸檬皮絲。

10 待檸檬糖漿放涼後，即可淋在蛋糕表面。

OS: 就是要沾著檸檬糖漿一起品嘗，才會有被幸福包圍的感覺。

最佳賞味 室溫保存，冷食

咕咕霍夫

糖油
拌合法

材料 ▶ 杏仁片10克　葡萄乾20克　藍姆酒60克
　　　蛋黃15克　全蛋50克　無鹽奶油80克
　　　細砂糖55克　蘭姆酒1小匙
　　　低筋麵粉70克　泡打粉1/2小匙
　　　綜合糖漬水果丁40克　糖粉適量

做法 ▶

1 烤模內刷上均勻的奶油後撒上麵粉，再將模
　型倒扣，敲掉多餘的麵粉，（如P.137聖誕布
　丁蛋糕的圖a），並在模型底部放上適量的杏
　仁片備用。

2 葡萄乾加藍姆酒60克浸泡1小時以上；蛋黃

與全蛋一起放在同一容器中用湯匙攪成蛋液
備用。

3 無鹽奶油在室溫軟化後，加細砂糖用攪拌機
　攪拌均勻。

4 分次加入做法2的蛋液及藍姆酒1小匙，繼
　續以快速方式攪勻。

5 同時篩入低筋麵粉及泡打粉，改用橡皮刮刀
　以不規則方向拌勻呈麵糊狀。

6 將葡萄乾擠乾與綜合糖漬水果丁一起加入麵
　糊中，再用橡皮刮刀輕輕拌勻。

7 用橡皮刮刀將麵糊刮入烤模內，並將表面均
　勻抹平。

8 烤箱預熱後，以上火190℃、下火180℃烘
　烤約25～30分鐘左右。

9 成品出爐放涼後脫模，再篩上適量的糖粉做
　裝飾。

參考份量

■■ 15cm　■■ 8cm
咕咕霍夫烤模1個

孟老師時間

★圓形中空具波浪紋路的
　烤模，即為製作咕咕霍
　夫的專用特殊模型。

★葡萄乾在使用前，浸泡
　藍姆酒的時間越久蛋糕
　越入味。

★模型內部防沾用的奶油
　與麵粉，均為材料中額
　外的份量。

★易沾黏的成品，製作時
　需先將烤模抹油撒粉，
　以利脫模。模型刷上奶
　油後，接著倒入約1大
　匙的麵粉，並用手輕拍
　模型並左右搖晃，使得
　麵粉均勻的附著在奶油
　表面，最後再將模型反
　扣輕敲幾下，再倒出多
　餘的麵粉。

OS: 很歐式的經典蛋糕，因為外型的視覺效果，而增添製作與品嘗的樂趣。

法式小軟糕

油粉
拌合法

材料 ▶ 檸檬1個　動物性鮮奶油25克
蛋黃10克　全蛋60克　無鹽奶油65克
T.P.T.（杏仁粉、糖粉各半）120克
低筋麵粉40克

做法 ▶

1 檸檬刨成皮屑（如P.75紅豆天使蛋糕的圖d），加在動物性鮮奶油內備用。

2 蛋黃與全蛋放在同一容器中，用湯匙攪成均勻的蛋液；無鹽奶油在室溫軟化備用。

3 將T.P.T.用粗網篩過篩後（圖a），加入無鹽奶油內，先用橡皮刮刀稍微拌合。

4 改用攪拌機攪拌均勻，接著篩入低筋麵粉，由慢速至快速攪拌呈光滑細緻的糊狀。

5 分次加入做法2的蛋液，以快速方式攪勻。

6 加入做法1的所有材料（圖b），繼續用攪拌機快攪均勻。

7 將麵糊裝入紙袋內，並在袋口剪直徑約1cm的小洞，將麵糊直接擠在烤模內至十分滿。（圖c）

8 烤箱預熱後，以上火180°C、下火180°C烘烤約15～20分鐘左右。

a
b
c

參考
份量

直徑 3.5cm　高 2cm　圓模約20個

孟老師時間

★以紙袋（或塑膠袋）將麵糊擠入模型內，較易控制份量。

★T.P.T.是法式點心中材料的表示方式，除非有特別標明是何種堅果粉，否則T.P.T.（Tant Pour Tant的縮寫）即是杏仁粉與糖粉各一半的意思；例如：T.P.T. 120克＝杏仁粉與糖粉各60克，必須同時過篩，再與其他材料拌合，質地才會細緻均勻。

OS: 我稱它是法國的雞蛋糕，與國產雞蛋糕有異曲同工之妙，唯一差異就是多添加了杏仁粉，感覺就很法國。

紅糖香米馬芬

最佳賞味 室溫保存，一天後品嘗

液體
拌合法

材料 ▶ 紅糖（過篩後）100克　鮮奶100克　白米飯150克
葡萄乾70克　蘭姆酒50克　全蛋2個　沙拉油80克
低筋麵粉150克　泡打粉1/4小匙

做法 ▶

1 紅糖加鮮奶用小火煮至紅糖融化，並稍微沸騰，再加入白
　米飯續煮約1分鐘，放涼備用。（圖a）

2 葡萄乾加蘭姆酒泡軟備用。（如P.33全麥葡萄乾馬芬的圖
　a）

3 全蛋加沙拉油用打蛋器攪勻。

4 低筋麵粉與泡打粉一起過篩，再加入做法3中，改用橡皮
　刮刀稍微拌合。

5 分別加入做法1的所有材料，接著將葡萄乾擠乾加入，用
　橡皮刮刀以不規則方向輕輕攪拌呈均勻的麵糊。

6 用湯匙將做法5的麵糊舀入紙模內約七分滿。

7 烤箱預熱後，以上火190℃、下火180℃烘烤約25～30分
　鐘左右。

**參考
份量**

直徑7cm　高4.5cm
紙模約8個

孟老師時間

★ 麵糊的攪拌方式，請
　參考P.33全麥葡萄乾
　馬芬的做法。

a

OS: 用吃剩的白米飯製作馬芬，很有食材變換與再利用的意義。

最佳賞味 室溫保存，一天後品嘗

液體
拌合法

材料 ▶ 全蛋2個　金砂糖（二砂糖）50克　沙拉油120克
　　　鮮奶100克　香草精1小匙　低筋麵粉120克
　　　泡打粉1小匙　即食燕麥片100克

做法 ▶

1 全蛋加金砂糖用打蛋器攪勻，再加入沙拉油攪拌均勻。

2 分別加入鮮奶及香草精，繼續攪成均勻的液體狀。

3 低筋麵粉與泡打粉一起過篩，再加入做法3中，改用橡皮
刮刀稍微拌合。

4 加入即食燕麥片，繼續用橡皮刮刀以不規則方向輕輕攪拌
呈均勻的麵糊。

5 用湯匙將做法3的麵糊舀入紙模內約七分滿。

6 烤箱預熱後，以上火190℃、下火180℃烘烤約25～30分
鐘左右。

**參考
份量**

直徑7cm　高4.5cm
紙模約6個

孟老師時間

★麵糊的製作方式，請
參考P.33全麥葡萄乾
馬芬的做法。

★趁熱抹上細滑奶油一
起食用，風味絕佳。

OS：早餐時加熱與細嫩奶油一起食用，絕對是品嘗馬芬的味覺享受。

楓糖麥片蛋糕

最佳賞味 室溫保存，冷食

糖油拌合法

材料 ▶

A 大麥片30克　楓糖30克

B 無鹽奶油140克　楓糖6大匙（150克）　蛋黃35克
　　低筋麵粉130克　小蘇打粉1/4小匙　烤熟的碎核桃70克

做法 ▶

1 大麥片加楓糖30克用湯匙調勻備用。

2 無鹽奶油在室溫軟化後，再分次加入楓糖，用攪拌機攪拌均勻。

3 分次加入蛋黃以快速方式攪勻。

4 同時篩入低筋麵粉及小蘇打粉，改用橡皮刮刀以不規則方向拌勻呈麵糊狀。

5 加入烤熟的碎核桃，繼續用橡皮刮刀輕輕拌勻。

6 用橡皮刮刀將麵糊刮入紙模內約七分滿，並在表面放上做法1的楓糖大麥片。

7 烤箱預熱後，以上火180℃、下火180℃烘烤約25～30分鐘左右。

參考份量

直徑 6cm　高 4.5cm
紙模8個

孟老師時間

★ 材料中的楓糖也可改用蜂蜜代替，做法相同但是風味有異。

★ 麵糊的製作方式，請參考P.37金黃橙絲蛋糕的做法。

OS：將平淡無奇的大麥片沾裹上楓糖，放在蛋糕表面烘烤，會比拌入麵糊內更具風味。

焦糖脆皮小蛋糕

油粉拌合法

材料 ▶

A 葡萄乾50克　蘭姆酒60克

B 無鹽奶油100克　低筋麵粉80克　奶粉10克
　泡打粉1/2小匙　香草精1/2小匙　鮮奶30克　蛋白30克
　糖粉70克　紅糖 2大匙

做法 ▶

1 葡萄乾加蘭姆酒浸泡約1小時以上，擠乾後均勻的鋪在模型底部備用。

2 無鹽奶油在室溫軟化，同時篩入低筋麵粉、奶粉及泡打粉，並加入香草精先用橡皮刮刀稍微拌合。

3 改用攪拌機由慢速至快速攪拌均勻。

4 分次加入鮮奶，接著再分次加入蛋白，繼續快攪均勻。

5 加入糖粉，繼續用攪拌機快攪呈光滑細緻的麵糊狀。

6 用湯匙將麵糊刮入紙模內約八分滿，再用細網篩將紅糖均勻的篩在麵糊表面。（圖a）

7 烤箱預熱後，以上火180℃、下火180℃烘烤約25～30分鐘左右。

參考份量

圓徑6cm　高4.5cm
紙模約6個

孟老師時間

★ 麵糊的製作方式，請參考P.43的無花果楓糖蛋糕的做法。

★ 麵糊可裝入紙袋內，在袋口剪直徑約1cm的洞口後，再擠入紙模內較方便。

a

OS: 可以試試看將紅糖直接放在麵糊表面烘烤，會產生什麼樣的焦化變脆效果。　**121**

最佳賞味 室溫保存，冷食

地瓜味噌蛋糕

材料 ▶ 地瓜200克（去皮後） 味噌35克
鮮奶60克 沙拉油30克 全蛋4個
細砂糖65克 SP乳化劑1小匙
低筋麵粉120克 泡打粉1/2小匙

做法 ▶

1 將烤模內部鋪上蛋糕紙備用。

2 地瓜切片後蒸軟，再稍微切碎（圖a）備用。

3 味噌加鮮奶用湯匙先調勻，再加入沙拉油備
用。（圖b）

4 全蛋加入細砂糖及SP乳化劑，用攪拌機以慢
速至快速的方式攪呈乳白色的糊狀。（如
P.101海苔軟綿小蛋糕的圖b）

5 同時篩入低筋麵粉及泡打粉，接著加入做法
3的所有材料（圖c），用打蛋器輕輕攪拌呈
均勻的麵糊。

6 加入碎地瓜，用橡皮刮刀輕輕拌勻。（圖d）

7 用橡皮刮刀將麵糊刮入烤模內（圖e），並用
橡皮刮刀將表面抹平。

8 烤箱預熱後，以上火180°C、下火180°C烘
烤約30～35分鐘左右。

參考份量

□20cm □20cm 烤模1個

孟老師時間

★烤模內部鋪上的蛋糕紙，應與烤模高度相同。
（圖e）

★材料中的味噌分量，可依個人口味做增減。

★地瓜也可換成芋頭，做法相同。

a

b

c

d

e

OS：料理用的味噌與地瓜結合，任誰都想不到的好滋味。

參考
份量

📏14cm ▣14cm 烤模1個

孟老師時間

★ 烤模內部鋪上的蛋糕
  紙，與烤模高度相同。
★ 紫米加水浸泡時間越
  長，熬煮時較易煮軟。
★ 傳統的蜂巢蛋糕，藉由
  量多的小蘇打粉，經高
  溫烘烤而使內部組織產
  生直條狀的孔洞。基於
  健康理由，而將紫米蜂
  巢蛋糕內的小蘇打粉減
  量製作，口感更為爽口
  自然。

a

最佳賞味 室溫保存，冷食

紫米蜂巢蛋糕

材料 ▶ 紫米（黑糯米）20克　水150克
　　　　葡萄乾35克　無鹽奶油80克
　　　　金砂糖（二砂糖）50克　全蛋1個
　　　　白蘭地桔子酒10克　低筋麵粉75克
　　　　小蘇打粉1/4小匙　泡打粉1/8小匙

做法 ▶

1 將烤模內部鋪上蛋糕紙備用。
2 紫米洗淨瀝乾後，加水150克浸泡3小時以上。
3 浸泡後的紫米連同水分，以小火煮至紫米變

軟且湯汁收乾，接著加入葡萄乾拌勻，放涼
備用。（圖a）
4 無鹽奶油加金砂糖，以隔水加熱或微波加熱
　方式將奶油融化成液體。
5 待降溫後，分別加入全蛋及白蘭地桔子酒，
　用打蛋器攪拌均勻。
6 低筋麵粉、小蘇打粉及泡打粉一起過篩，再
　加入做法5中，改用橡皮刮刀稍微拌合。
7 加入做法3的所有材料，繼續用橡皮刮刀以不
　規則方向輕輕攪拌呈均勻的麵糊。
8 用橡皮刮刀將麵糊刮入烤模內。
9 烤箱預熱後，以上火150℃、下火150℃烘烤
　約30～35分鐘左右。

OS: 未將紫米煮到軟爛，就無法品嘗出特殊風味的蛋糕。

番薯全麥蛋糕

糖油
拌合法

材料 ▶ 地瓜100克（去皮後） 牛奶60克
無鹽奶油100克 紅糖60克（過篩後）
全蛋60克 奶粉20克 低筋麵粉100克
泡打粉1/2小匙 全麥麵粉30克
杏仁粉20克

做法 ▶

1 地瓜切成小塊後蒸熟，趁熱用叉子壓成泥
狀，加入牛奶用打蛋器攪勻。

2 無鹽奶油在室溫軟化後，加入紅糖用攪拌機
攪拌均勻。

3 分次加入全蛋，接著加入奶粉，再以快速方
式攪勻。

4 同時篩入低筋麵粉及泡打粉，接著加入全麥
麵粉及杏仁粉，改用橡皮刮刀稍微拌合。

5 加入做法1的材料，用橡皮刮刀以不規則方
向拌勻呈麵糊狀。

6 用橡皮刮刀將麵糊刮入紙模內約八分滿。

7 烤箱預熱後，以上火190℃、下火180℃烘
烤約20～25分鐘左右。

**參考
份量**

▭▭ 7cm ▭ 2.5cm
紙模8個

孟老師時間

★地瓜蒸熟後，如有多餘
水分需瀝乾。

★麵糊的製作方式，請參
考P.37金黃橙絲蛋糕的
做法。

OS: 樸實的外貌，其實蘊含著豐富的食材，細細品嘗才知箇中滋味。

南瓜子蛋糕

最佳賞味 室溫保存，冷食

液體拌合法

材料 ▶

A 南瓜子仁30克　全蛋60克　細砂糖50克　南瓜子油60克
　低筋麵粉100克　小蘇打粉1/4小匙　杏仁粉20克

B 南瓜子仁20克

做法 ▶

1　南瓜子仁30克切碎備用。

2　全蛋加入細砂糖用打蛋器攪拌均勻，再加入南瓜子油繼續攪勻。

3　同時篩入低筋麵粉及小蘇打粉，接著加入做法1的碎南瓜子仁及杏仁粉，改用橡皮刮刀以不規則方向拌勻呈麵糊狀。

4　用橡皮刮刀將麵糊刮入紙模內約八分滿，並在表面放些適量的南瓜子仁。

5　烤箱預熱後，以上火190℃、下火180℃烘烤約20～25分鐘左右。

參考份量

直徑 **7**cm　高 **2**cm
紙模6個

孟老師時間

★南瓜子油為天然的翠綠色，且具有特殊香氣，在大型超市或有機商店較易購得。

OS: 以罕見的南瓜子油製作，再以南瓜子仁提味，是必做的滋養蛋糕。

 最佳賞味 室溫保存，冷食

紅豆沙小蛋糕

糖油拌合法

材料 ▶

A 無鹽奶油100克　糖粉30克　全蛋100克　紅豆沙140克　糖低筋麵粉100克　小蘇打粉1/4小匙　玉米粉20克

B 蜜紅豆適量

做法 ▶

1 無鹽奶油在室溫軟化後，加糖粉先用橡皮刮刀稍微拌合，再改用攪拌機攪勻。

2 分次加入全蛋，以快速方式攪拌均勻。

3 用手將紅豆沙捏成小塊再加入，繼續快攪均勻。

4 同時篩入低筋麵粉、小蘇打粉及玉米粉，改用橡皮刮刀以不規則方向拌勻呈麵糊狀。

5 用橡皮刮刀將麵糊刮入紙模內約七分滿，並在表面放些適量的蜜紅豆。

6 烤箱預熱後，以上火190℃、下火180℃烘烤約15～20分鐘左右。

 參考份量

直徑 **7**cm　高 **2**cm
紙模8個

孟老師時間

★ 紅豆沙也可換成白豆沙或綠豆沙，做法相同。

★ 麵糊的製作方式，請參考P.37金黃橙絲蛋糕的做法。

OS: 相較於顆粒狀的蜜紅豆，綿細的紅豆沙有不同的口感效果。

芝麻糊蛋糕

最佳賞味 室溫保存，冷食

糖油拌合法

材料 ▶ 黑芝麻粉25克　鮮奶30克　無鹽奶油60克
金砂糖（二砂糖）40克　全蛋25克　低筋麵粉60克
泡打粉1/4小匙　白芝麻1大匙

做法 ▶

1 黑芝麻粉加鮮奶用湯匙攪拌均勻備用。

2 無鹽奶油在室溫軟化後，加入金砂糖用攪拌機攪拌均勻。

3 加入全蛋，再以快速方式攪勻。

4 同時篩入低筋麵粉及泡打粉，接著加入做法1的材料，改用橡皮刮刀以不規則方向拌勻呈麵糊狀。

5 用橡皮刮刀將麵糊刮入紙模內約八分滿，並在表面撒上均勻的白芝麻。

6 烤箱預熱後，以上火190℃、下火180℃烘烤約20～25分鐘左右。

參考份量

長5cm　寬5cm　高1.5cm
紙模5個

孟老師時間

★麵糊的製作方式，請參考P.37金黃橙絲蛋糕的做法。

★應選購未加糖的黑芝麻粉來製作。

OS: 其貌不揚的外表下，確實有香氣迷人的營養滋味。

全麥芋絲蛋糕

最佳賞味 室溫保存，冷食

糖油拌合法

材料▶ 芋頭100克（去皮後） 鮮奶75克 無鹽奶油90克
金砂糖（二砂糖）60克 全蛋50克 香草精1/2小匙
低筋麵粉85克 泡打粉1/4小匙 小蘇打粉1/8小匙
全麥麵粉15克 金砂糖1大匙

做法▶

1 芋頭切成絲狀，加鮮奶用小火煮至沸騰後再熄火（圖a），
放涼備用。

2 無鹽奶油在室溫軟化後，加入金砂糖用攪拌機攪拌均勻。

3 分次加入全蛋及香草精，再以快速攪勻。

4 同時篩入低筋麵粉、泡打粉及小蘇打粉，接著加入全麥麵
粉，改用橡皮刮刀稍微拌合。

5 加入做法1的一半材料，用橡皮刮刀以不規則方向拌勻呈
麵糊狀。

6 用橡皮刮刀將麵糊刮入紙模內約八分滿，並將表面抹平。

7 再鋪上做法1的鮮奶芋絲，並撒上適量的金砂糖。

8 烤箱預熱後，以上火190℃、下火180℃烘烤約25～30分
鐘左右。

參考份量

直徑 **10cm** 高 **3cm**
紙模6個

孟老師時間

★芋頭加鮮奶用小火煮
至約八分熟即可。

★麵糊的製作方式，請
參考P.37金黃橙絲蛋
糕的做法。

a

OS： 需以小模型烘烤，並在恰到好處的時間內完成，才有綿細鬆軟的芋香蛋糕。 **129**

最佳賞味 室溫保存，冷食

香Q乾果蒸糕

材料 ▶ 杏桃乾50克　加州梅50克
紅糖120克（過篩後）　鮮奶220克
沙拉油90克　蜂蜜30克
低筋麵粉160克　在來米粉40克
泡打粉1小匙　大麥片60克
葡萄乾30克　蔓越莓乾30克

做法 ▶

1 將烤模內部鋪上蛋糕紙備用。

2 杏桃乾及加州梅分別用刀切碎備用。

3 紅糖加鮮奶，並用打蛋器攪拌至紅糖完
　全融化。

4 分別加入沙拉油及蜂蜜，繼續用打蛋器
　攪勻。

5 同時篩入低筋麵粉、在來米粉及泡打
　粉，改用橡皮刮刀以不規則方向拌勻呈
　麵糊狀。

6 分別加入大麥片、葡萄乾、蔓越莓及做
　法2的杏桃乾及加州梅，用橡皮刮刀攪
　拌均勻。

7 用橡皮刮刀將麵糊刮入模型內，放入沸
　騰的蒸鍋內，用中、小火蒸約25～30分
　鐘左右。

**參考
份量**

■20cm ■20cm　烤模1個

孟老師時間

★材料中的葡萄乾，使用前不需以酒泡軟。

★觀察蒸糕是否熟透，可以尖刀插入中央，如
　無沾黏即可。

★烤模內部鋪上的蛋糕紙，與烤模高度大致相
　同。

OS：香、濃、Q的特殊口感與風味，這種蛋糕的另類風格，務必親口品嘗。

高纖堅果蛋糕

材料 ▶

A 碎核桃、南瓜子仁、葵瓜子仁各30克
　　白芝麻15克

B 蜂蜜10克　柳橙汁50克　葡萄乾20克
　　蜜漬桔皮丁20克

C 金砂糖20克　無鹽奶油50克　全蛋60克
　　低筋麵粉25克　小蘇打粉1/8小匙
　　全麥麵粉25克　即食燕麥片25克

做法 ▶

1 將烤模內部鋪上蛋糕紙備用。

2 碎核桃、南瓜子仁、葵瓜子仁及白芝麻分別
　放在同一烤盤內，以上、下火各150℃一起
　烘烤約10分鐘左右，放涼備用。

3 蜂蜜加柳橙汁攪拌均勻，再加入葡萄乾及蜜
　漬桔皮丁，浸泡約10分鐘左右備用。

4 金砂糖加無鹽奶油，以隔水加熱或微波加熱
　方式，用打蛋器攪拌至奶油融化。

5 待降溫後加入全蛋，用打蛋器輕輕攪勻。

6 同時篩入低筋麵粉及小蘇打粉，接著分別加
　入全麥麵粉及即食燕麥片，改用橡皮刮刀稍
　微拌合。

7 加入做法2及做法3的所有材料，用橡皮刮
　刀以不規則方向拌勻呈麵糊狀。

8 用橡皮刮刀將麵糊刮入烤模內。

9 烤箱預熱後，以上火180℃、下火190℃烘
　烤約25～30分鐘左右。

 參考
份量

▭23cm ▭4cm ▭6cm 烤模1個

孟老師時間

★金砂糖與無鹽奶油加熱時，攪拌至奶油融化而金
　砂糖尚未完全融化即可。

★材料A內的各式堅果，可依個人取得的方便性作
　替換。

OS:《孟老師的100道手工餅乾》內「高纖堅果棒」的姊妹品，配料相同下將麵糊增加，竟有不同的品嘗效果。

桂圓核桃蛋糕

材料 ▶

A 桂圓肉180克　無鹽奶油200克
　　低筋麵粉200克　泡打粉1/2小匙
B 紅糖120克（過篩後）　全蛋180克
　　碎核桃80克

做法 ▶

1 桂圓肉切碎備用。

2 無鹽奶油在室溫軟化後，同時篩入低筋麵粉
　　及泡打粉，先用橡皮刮刀稍微拌合。

3 改用攪拌機由慢速至快速攪拌均勻，呈光滑
　　細緻的糊狀。

4 加入紅糖（圖a），攪拌成均勻的光滑狀（圖
　　b）。

5 分次加入全蛋（圖c），繼續用攪拌機以快速
　　方式攪勻。

6 加入做法1的桂圓肉（圖d），用攪拌機以慢
　　速方式攪勻。

7 用橡皮刮刀將麵糊刮入紙模內約八分滿，再
　　鋪上適量的碎核桃。

8 烤箱預熱後，以上火180℃、下火180℃烘
　　烤約25～30分鐘左右。

a

b

c

d

參考份量

直徑 5.5cm 高 3.5cm　紙模約10個

孟老師時間

★麵糊的製作方式，請參考P.43無花果楓糖蛋糕的
　做法。

★桂圓肉也可改成葡萄乾，切碎後拌入麵糊內較易
　入味，使用前不需泡軟。

第一道冷鋒過境之後，氣溫陡降，
不停地對雙手呼氣，卻怎麼也喚不回溫暖。
走進廚房，將烤箱預熱，
為自己和親朋好友烤個蛋糕吧！
濃郁香料口味和香醇巧克力咖啡口味，
都是冬天裡暖心暖手的好滋味。

Part 4
Winter

冬季蛋糕。賞味

隨著寒冬來臨，品嚐美味蛋糕也需要跟著換季，所有富含熱力與能量的食材，都是重口味蛋糕的美味元素，足以甜甜嘴又暖暖胃。

◎ **蛋糕的口味** │ 咖啡香、巧克力濃，或是振奮身心的香草味均為冬令的特選，並以酒佐味，提升多層次的豐富口感。

◎ **蛋糕的類別** │ 馬芬及奶油磅蛋糕等。

◎ **蛋糕的特性** │ 香醇厚實的歐美重奶油蛋糕，或是紮實的節令風味蛋糕，冷食香醇、熱食濃郁。

聖誕布丁蛋糕

液體拌合法

材料 ▶

A 葡萄乾60克　藍姆酒100克　白土司1片
　蔓越莓乾75克　糖漬桔皮丁35克
　杏仁粉25克　低筋麵粉 25克
　肉桂粉、豆蔻粉 各1/2小匙　全蛋30克
　金砂糖（二砂糖）10克　柳橙汁25克
　蘭姆酒10克　糖蜜1小匙　柳橙、檸檬各1個
B白蘭地奶油醬：無鹽奶油50克　糖粉25克
　　　　　　　　白蘭地桔子酒1大匙

做法 ▶

1 烤模內刷上均勻的奶油後撒上麵粉，再將多
　餘的麵粉敲出備用（圖a）；葡萄乾浸泡在
　藍姆酒100克內約5小時以上（圖b），泡軟
　入味後再擠乾備用；烤箱預熱後，上、下火
　150℃將白土司烤乾後撕碎備用。

2 葡萄乾、蔓越莓乾、糖漬桔皮丁、碎的白土
　司、杏仁粉、低筋麵粉及肉桂粉、豆蔻粉
　等，全部放在同一容器內用橡皮刮刀一起拌
　勻。（圖c）

3 全蛋與金砂糖先用打蛋器拌勻，再分別加入
　柳橙汁、藍姆酒10克及糖蜜，繼續用打蛋
　器攪成均勻的液體狀。（圖d）

4 將做法2的所有材料加在做法3的液體材料
　內，接著刨入柳橙及檸檬的皮屑，用橡皮刮
　刀拌和均勻。

5 用橡皮刮刀將做法4的材料刮入模型內，並
　將表面壓平（圖e）並蓋上鋁箔紙。

6 放入沸騰的蒸鍋內，用中火蒸約30～35分
　鐘左右。

7 白蘭地奶油醬：無鹽奶油放在室溫軟化後，
　加入糖粉先用橡皮刮刀稍微拌合，再改用攪
　拌機攪勻，最後加入白蘭地桔子酒快速攪均
　勻，當做蛋糕的沾料。

a　　　　　b

c　　　　　d

e

參考份量

7cm 6cm 半圓形烤模2個

孟老師時間

★聖誕布丁蛋糕屬於香料式的重口味蛋糕，食用時
　可搭配白蘭地奶油醬或香草冰淇淋一起食用，適
　合冬天品嘗，風味絕佳。
★葡萄乾浸泡藍姆酒的時間越久越入味。

OS: 食材豐富且重口味的季節性蛋糕，寵愛味蕾的首選。

祖母蛋糕

最佳賞味 室溫保存，冷食

液體拌合法

材料 ▶ 葡萄乾100克　藍姆酒100克　餅乾屑100克
無鹽奶油80克　金砂糖（二砂糖）50克
全蛋2個　藍姆酒2小匙　低筋麵粉80克
小蘇打粉1/4小匙

做法 ▶

1 葡萄乾浸泡在藍姆酒100克內約1小時以上，泡軟入味再擠乾，與餅乾屑混和均勻。

2 無鹽奶油加金砂糖以隔水加熱或微波加熱方式，用打蛋器攪拌至奶油融化。

3 分次加入全蛋後，接著加入藍姆酒，繼續用打蛋器快速攪勻。

4 同時篩入低筋麵粉及小蘇打粉，用打蛋器以不規則方向拌勻呈麵糊狀。

5 加入做法1的所有材料，用橡皮刮刀輕輕拌合均勻。

6 用湯匙將麵糊舀入紙模內約九分滿。

7 烤箱預熱後，以上火190℃、下以上火180℃烘烤約20～25分鐘左右。

參考份量

4.5cm　3.5cm　紙模8個

孟老師時間

★ 所謂「祖母蛋糕」，是歐美傳統家庭式小蛋糕，利用剩餘餅乾或蛋糕摻入麵糊中製作而成，並以蘭姆酒調味，具有節儉再利用的意義。

★ 材料中的餅乾屑也可用海綿蛋糕或戚風蛋糕來代替，只要使用前將蛋糕撕成小塊烤乾即可。

★ 材料中的餅乾屑可以任何原味的餅乾來製作，只要用手捏碎或用擀麵棍壓碎即可。

★ 無鹽奶油加金砂糖以隔水加熱或微波加熱時，攪拌至奶油融化而金砂糖尚未完全融化即可。

全麥酒香乾果蛋糕

最佳賞味 室溫保存，冷食

糖油拌合法

材料 ▶

A 杏桃乾40克　無花果乾40克　無鹽奶油70克　細砂糖60克
全蛋65克　蘭姆酒1大匙　奶粉1大匙　全麥麵粉90克
小蘇打粉1/4小匙

B 酒糖液：細砂糖60克　水2大匙　蘭姆酒2大匙

做法 ▶

1 杏桃乾及無花果乾切成細條狀備用。

2 無鹽奶油在室溫軟化後，加細砂糖用攪拌機攪拌均勻。

3 分次加入全蛋以快速方式攪勻，再分別加入蘭姆酒及奶
粉，繼續快攪均勻。

4 同時加入全麥麵粉及小蘇打粉，改用橡皮刮刀以不規則方
向拌勻呈麵糊狀。

5 加入做法1的杏桃乾及無花果乾，再繼續用橡皮刮刀輕輕
拌勻。

6 用橡皮刮刀將麵糊刮入紙模內約八分滿。

7 烤箱預熱後，以上火190℃、下火180℃烘烤約20～25分
鐘左右。

8 酒糖液：細砂糖加水用小火煮至細砂糖融化且呈沸騰狀，
熄火後加入蘭姆酒攪勻，待稍降溫後即可刷在蛋糕體上。

參考份量

☐12cm　☐5.5cm
☐2.5cm
紙模5個

孟老師時間

★酒糖液刷在蛋糕上，
可增加品嘗時的口感
與風味。

★杏桃乾與無花果乾可
換成其他的糖漬水果
蜜餞。

★麵糊的製作方式，請
參考P.37金黃橙絲蛋
糕的做法。

OS: 軟Q乾果加濃濃的酒香，強烈的濃郁口感，酷愛重口味者不可錯過的蛋糕。　　139

最佳賞味 室溫保存，冷食

柳橙薑汁蛋糕

 糖油拌合法

材料 ▶ 無鹽奶油80克 紅糖35克（過篩後）
全蛋50克 奶粉10克 柳橙汁30克
薑汁2小匙 柳橙2個 低筋麵粉70克
玉米粉10克 泡打粉1/2小匙

做法 ▶

1 無鹽奶油在室溫軟化後，加紅糖用攪拌機攪拌均勻。

2 分別加入全蛋及奶粉，以快速方式攪勻。

3 分別加入柳橙汁及薑汁，接著刨入1個柳橙皮屑，繼續用攪拌機快攪均勻。

4 同時篩入低筋麵粉、玉米粉及泡打粉，改用橡皮刮刀以不規則方向拌勻呈麵糊狀。

5 用橡皮刮刀將麵糊刮入紙模內約八分滿，並在表面刨些適量的柳橙絲。

6 烤箱預熱後，以上火190℃、下火180℃烘烤約20～25分鐘左右。

參考份量

直徑7cm 高2cm 紙模5個

孟老師時間

★薑去皮後，利用擦薑板磨出薑泥，再用手擠出薑汁。

★麵糊的製作方式，請參考P.37金黃橙絲蛋糕的做法。

OS: 清香的柳橙以少許濃烈的薑汁搭配，不會突兀卻很有驚喜效果。

茄汁蔓越莓蛋糕

糖油
拌合法

材料 ▶ 蔓越莓乾45克　無鹽奶油80克
　　　糖粉50克　全蛋50克
　　　番茄糊30克　果糖50克
　　　低筋麵粉85克
　　　小蘇打粉1/4小匙
　　　泡打粉1/4小匙
　　　匈牙利紅椒粉1/4小匙

做法 ▶

1 蔓越莓乾切碎備用。

2 無鹽奶油在室溫軟化後，加入糖粉
　先用橡皮刮刀拌合。

3 改用攪拌機攪勻，再分次加入全蛋
　以快速方式攪拌均勻。

4 分別加入番茄糊及果糖，繼續用攪
　拌機快攪均勻。

5 同時篩入低筋麵粉、小蘇打粉、泡
　打粉及匈牙利紅椒粉，改用橡皮刮
　稍微拌合。

6 加入蔓越莓乾，用橡皮刮刀以不規
　則方向輕輕拌勻呈麵糊狀。

7 用橡皮刮刀將麵糊刮入紙模內約八
　分滿。

8 烤箱預熱後，以上火190℃、下火
　180℃烘烤約20～25分鐘左右。

參考
份量

直徑7cm　高2cm　花形紙模5個

孟老師時間

★蔓越莓乾也可換成葡萄乾，使用前必須
　先用藍姆酒泡軟，擠乾後加入麵糊內。

★匈牙利紅椒粉（Paprika），多用於西式
　料理或點心調味用，在一般超市即有販
　售。

★麵糊的製作方式，請參考P.37金黃橙絲
　蛋糕的做法。

OS: 微酸微甜的蔓越莓以「意外」的方式調味，呈現

阿里巴巴

麵包的製作方式

材料 ▶

A 低筋麵粉120克　即溶發酵粉1小匙
　　鹽1/2小匙　細砂糖1小匙　全蛋110克
　　無鹽奶油30克
B 糖漿：水350克　細砂糖250克　肉桂棒4根
　　丁香8粒　香草豆莢1根　白蘭地桔子酒4大匙

做法 ▶

1 除無鹽奶油外，將低筋麵粉、即溶發酵粉、
　鹽、細砂糖及全蛋用橡皮刮刀或木匙攪拌均
　勻。（圖a）

2 加入無鹽奶油，繼續攪打成光滑狀即可（圖
　b），將容器蓋上保鮮膜，放在室溫下進行發
　酵約45～60分鐘左右。（圖c）

3 用橡皮刮刀將麵糊刮入模型內（圖d），再發
　酵約20分鐘左右。

4 烤箱預熱後，以上火180℃、下火190℃烤
　20～25分鐘左右。

5 糖漿：水加細砂糖、肉桂棒、丁香粒、香草
　豆莢一起用小火煮至沸騰後，再續煮約10
　分鐘左右，最後再加白蘭地桔子酒調味。

6 蛋糕出爐後，即可趁熱放入做法5的熱糖漿
　中，浸泡數小時後完全吸收糖漿即可入味。
　（圖e）

a
b
c
d
e

參考份量

🔲12cm　🔲4.5cm　中空圓烤模2個

孟老師時間

★ 如利用大型電動攪拌機製作，需以槳狀形攪拌器
　攪打至麵糊光滑即可。

★ 浸泡熱糖漿時，需將蛋糕體經常翻面才可完全入
　味，浸泡時間越久風味越佳。

★ 如無法取得肉桂棒，可用肉桂粉1/2小匙代替。

★ 白蘭地桔子酒可換成藍姆酒。

★ 阿里巴巴（Baba）是法式傳統的點心，利用發酵
　粉（Yeast）產生組織鬆發的特性，又稱之為發酵
　蛋糕，吸收大量的香草糖漿後，即能突顯口感的
　多層次與豐富的味覺享受。

OS: 保證沒吃過的風味蛋糕，一定要浸泡在糖漿中，才能體驗前所未有的法式風情。

迷迭香葡萄乾蛋糕

液體
拌合法

材料 ▶

A 新鮮迷迭香1大匙　果糖45克　蘭姆酒1大匙　葡萄乾50克

B 全蛋1個　細砂糖15克　沙拉油30克
牛奶15克　低筋麵粉70克　泡打粉1/4小匙
杏仁粉15克　蛋白45克　細砂糖10克

做法 ▶

1 新鮮迷迭香洗淨後擦乾水分再切碎，分別加入果糖及蘭姆酒攪勻。

2 葡萄乾切碎後加入做法1的混合材料中，浸泡約3小時以上備用。（圖a）

3 全蛋加細砂糖用打蛋器攪勻，再分別加入沙拉油及牛奶攪拌均勻。

4 同時篩入低筋麵粉及泡打粉，接著加入杏仁粉，用打蛋器以不規則方向輕輕的攪勻呈麵糊狀。

5 將做法2的所有材料加入麵糊內，用橡皮刮刀輕輕拌勻。（圖b）

6 用攪拌機將蛋白攪打成粗泡狀，分次加入細砂糖，以快速方式攪打呈七分發。（如P.57酥波羅乳酪蛋糕圖c）

7 取約1/3的打發蛋白（圖c），加入做法5的麵糊內，用橡皮刮刀稍微拌合。

8 加入剩餘的蛋白，繼續用橡皮刮刀輕輕的拌成均勻的麵糊。

9 用湯匙將麵糊舀入烤模內約八分滿。

10 烤箱預熱後，以上火180℃、下火180℃烘烤約20～25分鐘左右。

a　b

c

參考
份量

 7cm □3cm　鋁模6個

孟老師時間

★新鮮迷迭香製作蛋糕，較具濃郁香氣，如無法取得可用乾燥的迷迭香代替。

★葡萄乾切碎後，較易入味。

★蛋白七分發的狀態：蛋白已呈鬆發狀，但搖晃時仍會流動，無法附著在橡皮刮刀上倒扣。

OS: 靠著甜蜜的葡萄乾，調和迷迭香的濃烈味道，而出現風味怡人的蛋糕。

參考
份量

■ 10cm ■ 1.5cm
船形紙模6個

孟老師時間

★紅蘿蔔刨成細絲後,可再切
　成細末,如有多餘水分必須
　要擠乾才可加入麵糊中。
★無鹽奶油加細砂糖以隔水加
　熱或微波加熱方式將奶油融
　化時,至奶油融化而細砂糖
　尚未完全融化即可。

最佳賞味 室溫保存,冷熱皆宜

紅蘿蔔蛋糕

液體
拌合法

材料 ▶ 紅蘿蔔30克(去皮後)
　　　　無鹽奶油50克　細砂糖10克　蜂蜜35克
　　　　全蛋30克　低筋麵粉25克
　　　　泡打粉1/4小匙　肉桂粉1/4小匙
　　　　杏仁粉70克

做法 ▶

1 紅蘿蔔刨成細絲狀備用。

2 無鹽奶油加細砂糖以隔水加熱或微波加熱方
　式將奶油融化。

3 分別加入蜂蜜及全蛋,用打蛋器攪拌均勻。

4 同時篩入低筋麵粉、泡打粉及肉桂粉,接著
　加入杏仁粉,用打蛋以不規則方向輕輕的攪
　勻呈麵糊狀。

5 將紅蘿蔔絲加入麵糊內,再用橡皮刮刀輕輕
　拌勻。

6 用湯匙將麵糊舀入紙模內約八分滿。

7 烤箱預熱後,以上火190℃、下火180℃烘
　烤約20～25分鐘左右。

OS: 一定要加點肉桂粉,才有畫龍點睛的效果。

最佳賞味 室溫保存，冷食

加州梅咖啡蛋糕

（油粉拌合法）

材料 ▶

A 即溶咖啡粉2小匙　水2小匙

B 去籽加州梅（Pipted Prunes）30克
　 無鹽奶油70克　低筋麵粉60克
　 泡打粉1/4 小匙　全麥麵粉15克　全蛋60克
　 紅糖60克

做法 ▶

1 烤模內部刷上均勻的奶油備用。

2 即溶咖啡粉加水用小湯匙調呈均勻的咖啡液；
　加州梅均勻的鋪在模型底部備用。（圖a）

3 無鹽奶油在室溫軟化後，同時篩入低筋麵粉
　及泡打粉，接著加入全麥麵粉先用橡皮刮刀
　稍微拌合。

4 改用攪拌機由慢速至快速攪拌均勻，呈光滑
　細緻的糊狀。

5 分次加入全蛋及做法2的咖啡液，並加入紅
　糖，繼續快攪均勻。

6 用橡皮刮刀將做法5的麵糊刮入烤模內約八
　分滿。

7 烤箱預熱後，以上火180℃、下火180℃烘
　烤約25～30分鐘左右。

a

香醇巧克力咖啡口味

參考份量

直徑12cm　高4.5cm
中空圓烤模約2個

孟老師時間

★加州梅也可換成葡萄乾，使
　用前必須先用藍姆酒泡軟，
　擠乾後即可鋪在模型底部。

★麵糊的製作方式，請參考P.43
　無花果楓糖蛋糕的做法。

最佳賞味 室溫保存，冷食

家常巧克力小蛋糕

材料 ▶ 無鹽奶油100克　低筋麵粉50克
玉米粉60克　細砂糖70克
全蛋2個　水滴形巧克力粒 60克
苦甜巧克力30克

做法 ▶

1 無鹽奶油在室溫軟化後，同時篩入低筋麵粉及玉米粉，先用橡皮刮刀稍微拌合。

2 改用攪拌機由慢速至快速攪拌均勻，呈光滑細緻的糊狀。

3 加入細砂糖攪拌均勻，再分次加入全蛋，繼續快攪均勻。

4 加入水滴形巧克力粒，改用橡皮刮刀以不規則方向輕輕攪拌呈均勻的麵糊。

5 用橡皮刮刀將麵糊刮入紙模內，約八分滿。

6 烤箱預熱後，以上火180℃、下火180℃烘烤約20～25分鐘左右。

7 苦甜巧克力以隔水加熱方式融化後，再裝入擠花紙袋內，並在袋口剪一小洞口，將巧克力液擠些線條在蛋糕表面做裝飾。

參考份量

直徑7cm　高2cm　紙模約6個

孟老師時間

★ 麵糊的製作方式，請參考P.43無花果楓糖蛋糕的做法。

★ 須待蛋糕出爐放涼後，再擠上巧克力裝飾線條。

OS: 有別於濃郁的巧克力蛋糕，只是以水滴形巧克力粒加入其中，含蓄型又簡單式的製作。

最佳賞味 室溫保存，一天後品嘗

咖啡松子馬芬 液體拌合法

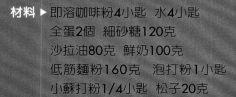

材料 ▶ 即溶咖啡粉4小匙 水4小匙
全蛋2個 細砂糖120克
沙拉油80克 鮮奶100克
低筋麵粉160克 泡打粉1小匙
小蘇打粉1/4小匙 松子20克

做法 ▶

1 即溶咖啡粉加水，用小湯匙調勻呈咖啡液備用。

2 全蛋加細砂糖用打蛋器攪勻，再加入沙拉油攪拌均勻。

3 分別加入鮮奶及做法1的咖啡液，繼續攪成均勻的液體狀。

4 低筋麵粉、泡打粉及小蘇打粉一起過篩，再加入做法3中，改用橡皮刮刀以不規則方向輕輕攪拌呈均勻的麵糊。

5 用湯匙將麵糊舀入紙模內約七分滿，並在麵糊表面放上適量的松子。

6 烤箱預熱後，以上火190℃、下火180℃烘烤約25～30分鐘左右。

參考份量

直徑 6.5cm 高 4.5cm 紙模約6個

孟老師時間

★如將松子直接拌入麵糊內，需先以上、下火150℃烘烤10分鐘左右；如無法取得，可換成其他堅果。

★麵糊的製作方式，請參考P.33 全麥葡萄乾馬芬。

OS: 咖啡風味的蛋糕搭配任何堅果，都是協調的美味。

最佳賞味 室溫保存，冷熱皆宜

瑞士屋頂蛋糕

糖油
拌合法

材料 ▶

A 麵糊： 無鹽奶油70克　細砂糖60克
全蛋1個　低筋麵粉50克　杏仁粉60克
白蘭地桔子酒（Grand Marnier）1小匙

B 麵糊： 無糖可可粉15克　杏仁粉45克
低筋麵粉15克　蛋白65克　細砂糖50克
酒漬櫻桃60克　糖粉1大匙

做法 ▶

1 烤模內刷上均勻的奶油後撒上麵粉，再將多餘的麵粉敲出備用（如P.137聖誕布丁蛋糕的圖a）。

2 麵糊A：無鹽奶油放在室溫軟化後，加細砂糖用攪拌機攪拌均勻。

3 分次加入全蛋，以快速方式攪勻。

4 篩入低筋麵粉，接著分別加入杏仁粉及白蘭地桔子酒，改用橡皮刮刀以不規則方向輕輕的拌合成均勻的杏仁麵糊。

5 麵糊B：無糖可可粉、杏仁粉及低筋麵粉放在同一容器內備用。

6 蛋白用攪拌機攪打至粗泡狀，分3次加入細砂糖，以快速方式攪打後蛋白漸漸的呈發泡狀態，攪打的同時明顯出現紋路狀，最後呈小彎勾的九分發狀態即可。（如P.90南瓜戚風蛋糕圖h）

7 同時篩入做法5的粉料，用橡皮刮刀以壓入打發蛋白內的方式（圖a）拌合成均勻的可可麵糊（圖b）。

8 將做法4的杏仁麵糊及做法7的可可麵糊分別裝入擠花紙袋內，並在袋口剪一小洞口。

9 將可可麵糊擠入模型的兩側約2/3的高度（圖c），接著將杏仁麵糊擠在可可麵糊內（圖d）。

10 酒漬櫻桃鋪排在杏仁麵糊上（圖e），再將杏仁麵糊擠在酒漬櫻桃的表面（圖f）。

11 最後將剩餘的可可麵糊蓋滿杏仁麵糊上，並將表面的麵糊抹平（圖g）。

12 烤箱預熱後，以上火180℃、下火190℃烘烤約30～35分鐘左右。

13 出爐降溫後脫模，再篩上均勻的糖粉做裝飾。

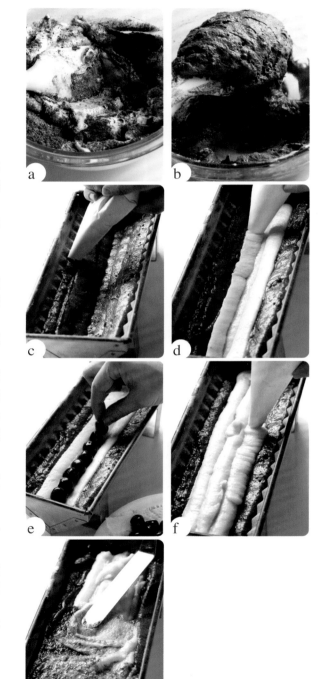

OS: 需要買個模型，才有辦法表現蛋糕的造型與風味的特色。

 參考
份量

□ 21cm □ 9cm □ 6cm
長形三角烤模1個

孟老師時間

★ 蛋糕出爐後，待完全冷卻後較易脫模。

★ 麵糊B的最後拌合方式，需用橡皮刮刀先將乾性的粉料壓入打發的蛋白內，再從
容器底部刮起攪拌，即可將材料混合均勻。

★ 夾心的酒漬櫻桃也可用葡萄乾代替，使用前必須先用藍姆酒泡軟，擠乾後即可舖
在麵糊內。

★ 鐵弗龍烤模，因呈凹凸的平面，使用前仍要抹油撒粉，較易脫模。

巧克力沙瓦琳
油粉拌合法

材料 ▶

A 蛋糕體：無鹽奶油105克 低筋麵粉90克
糖粉75克 玉米粉1又1/2小匙 杏仁粉15克
蛋黃35克 牛奶20克 香草精1/2小匙
巧克力屑1大匙

B 巧克力餡：動物性鮮奶油75克
苦甜巧克力90克 鏡面果膠15克

做法 ▶

1 蛋糕體：無鹽奶油在室溫軟化，同時篩入低
筋麵粉、糖粉及玉米粉，先用橡皮刮刀稍微
拌合。

2 改用攪拌機由慢速至快速攪拌均勻，呈光滑
細緻的糊狀。

3 加入杏仁粉，再分別加入蛋黃、牛奶及香草
精，繼續快攪均勻。

4 刨入巧克力屑（圖a），改用橡皮刮刀以不規
則方向輕輕攪拌呈均勻的麵糊。

5 麵糊裝入擠花紙袋內，並在袋口剪一小洞
口，將麵糊直接擠在模型內約八分滿（圖
b）。

6 烤箱預熱後，以上火180℃、下火180℃烘
烤約20～25分鐘左右。

7 巧克力餡：動物性鮮奶油用小火煮至約50
℃～60℃，熄火後再加入苦甜巧克力（圖
c），用橡皮刮刀攪拌至融化，接著加入鏡面
果膠，續攪呈均勻的巧克力糊。

8 巧克力糊裝入擠花紙袋內，並在袋口剪一小
洞口，將巧克力糊直接擠在蛋糕體的凹槽
內，待餡料凝固後即可。（圖d）

a b
c d

參考份量

⬜ 6.5cm 2.5cm 圓模約8個

孟老師時間

★ 麵糊的製作方式，請參考P.43無花果楓糖蛋糕的
做法。

★ 沙瓦琳（Savarin）蛋糕造型特色是中心部份呈凹
陷狀，再填入巧克力餡，為法國知名傳統點心。

★ 製作巧克力餡，也可先將苦甜巧克力以隔水加熱
方式融化後，再分別加入動物性鮮奶油及鏡面果
膠，邊加熱的同時邊用橡皮刮刀攪拌至光滑狀。

★ 應選用進口的苦甜巧克力，因內含可可脂，成品
的口感較好。

最佳賞味 室溫保存，熱食

巧克力布丁蛋糕
法式
分蛋法

材料 ▶ 動物性鮮奶油50克　苦甜巧克力80克
無糖可可粉30克　無鹽奶油50克
蛋黃50克　玉米粉30克　蛋白50克
細砂糖80克

做法 ▶

1　烤模內刷上均勻的奶油後撒上麵粉，再將多餘的麵粉敲出備用。（圖a）

2　動物性鮮奶油以小火加熱融化，再分別加入苦甜巧克力及無糖可可粉（圖b），用橡皮刮刀攪拌均勻。

3　無鹽奶油放在室溫軟化後，加入繼續攪勻。（圖c）

4　蛋黃與玉米粉放在另一個容器內，用打蛋器攪勻（圖d），再加入做法3的材料中，混合攪勻呈巧克力糊。

5　蛋白用攪拌機攪打至粗泡狀，分3次加入細砂糖，以快速方式攪打呈五分發。（圖e）

6　取約1/3的打發蛋白，加入做法4的巧克力糊內（圖f），用橡皮刮刀輕輕的稍微拌合。

7　加入剩餘的蛋白，再輕輕的從容器底部刮起拌勻。

8　用橡皮刮刀將麵糊分別刮入4個小烤模內。

9　烤箱預熱後，以上、下火180℃隔熱水蒸烤約25～30分鐘左右。

a
b
c
d
e
f
g

 參考份量　　底徑7cm　高6cm　半圓形烤模4個

孟老師時間

★蛋白打發至五分發，仍具明顯的流動狀態，也可攪打至如P.57酥波羅乳酪蛋糕的七分發狀態。

★烘烤巧克力布丁蛋糕如同乳酪蛋糕的方式，隔熱水蒸烤後，觀察熟度時，可用小尖刀插入蛋糕中心部位，如麵糊尚有輕微沾黏，即可出爐（圖g）。

★品嘗巧克力布丁蛋糕時，建議趁熱搭配香草冰淇淋，冷熱交替具多層次的口感，非常美味。

★使用進口的苦甜巧克力，內含可可脂，製作出的成品口感較好。

OS: 一定要趁熱搭配一口香草冰淇淋，冷熱交融的口感發揮極致，曾在「食全食美」節目中示範過。　155

最佳賞味 室溫保存，冷熱皆宜

糖油拌合法

材料 ▶ 無鹽奶油80克 金砂糖50克 全蛋30克
原味優格50克 低筋麵粉80克 小蘇打粉1/8小匙
無糖可可粉15克 椰子粉10克

做法 ▶

1 無鹽奶油放在室溫軟化，加金砂糖用攪拌機攪拌均勻。
2 分別加入全蛋及原味優格，以快速方式攪勻。
3 同時篩入低筋麵粉、小蘇打粉及無糖可可粉，接著加入椰子粉，改用橡皮刮刀以不規則方向拌勻呈麵糊狀。
4 用橡皮刮刀將麵糊刮入烤模內約八分滿。
5 烤箱預熱後，在烤盤上倒入約200克的熱水，以上火190℃、下火180℃烘烤約25～30分鐘。

參考份量

□9cm □3cm
星形烤模2個

孟老師時間

★以隔水蒸烤這道蛋糕，口感較具溼度。如直接烘烤，需將火溫調低，約170℃～180℃即可。

★麵糊的製作方式，請參考P.37金黃橙絲蛋糕的做法。

OS: 加點熱水蒸烤，才有濕潤濃郁的歐式口感，千萬別烤乾了！

大理石蛋糕

糖油拌合法

材料▶ 無鹽奶油100 克　細砂糖70 克　香草精1/2小匙
全蛋100 克　低筋麵粉100 克　泡打粉1/2 小匙
小蘇打粉1/8小匙　無糖可可粉10克

做法▶

1 將烤模內部鋪上蛋糕紙備用。

2 無鹽奶油放在室溫下軟化，再加細砂糖用攪拌機攪拌均勻。

3 加入香草精，接著分次加入全蛋，以快速方式攪勻。

4 同時篩入低筋麵粉及泡打粉，改用橡皮刮刀以不規則方向輕輕的拌合成均勻的麵糊。

5 取做法4的麵糊約150克，一起篩入小蘇打粉及無糖可可粉，用橡皮刮刀輕輕的拌合成均勻的可可麵糊。

6 用橡皮刮刀先將做法4的麵糊刮入烤模內，接著再刮入做法5的可可麵糊，用橡皮刮刀稍微拌合呈大理石狀。

7 烤箱預熱後，以上火180℃、下火190℃烘烤約30～35分鐘左右。

參考份量

18cm　8cm　6cm
烤模1個

孟老師時間

★ 大理石蛋糕的配方，即美式的重奶油蛋糕（磅蛋糕Pound Cake），砂糖、奶油、雞蛋及麵粉4項主要材料應為均等份量，因唯恐過甜，而將材料中的細砂糖減量製作。

★ 將烤模鋪上蛋糕紙，所烘烤出的重奶油蛋糕外皮較薄，如無法取得蛋糕紙，即須將烤模刷上均勻的奶油。

★ 麵糊的製作方式，請參考P.37金黃橙絲蛋糕的做法。

OS: 製作熟悉的話，試試看將可可換成咖啡或抹茶口味的大理石蛋糕。

最佳賞味 室溫保存，熱食

軟嫩可可蛋糕 法式分蛋法

材料 ▶

A 杏仁粉40克　糖粉20克　蛋黃70克　全蛋50克
　　無糖可可粉35克

B 蛋白120克　細砂糖80克

做法 ▶

1 杏仁粉與糖粉一起用粗網篩過篩，再分別加
　入蛋黃與全蛋，用打蛋器攪拌均勻至顏色稍
　微變淡。

2 加入無糖可可粉，繼續攪勻呈可可糊。（圖a）

3 蛋白用攪拌機攪打至粗泡狀，分3次加入細砂
　糖，以快速方式攪打後蛋白漸漸的呈發泡狀
　態，攪打的同時明顯出現紋路狀，最後呈小

彎勾的九分發狀態即可。（如P.90南瓜戚風蛋
糕圖h）

4 取約1/3的打發蛋白，加入做法2的可可糊
　內，先用打蛋器稍微拌合。

5 加入剩餘的蛋白，改用橡皮刮刀輕輕的從容
　器底部刮起拌勻。

6 用橡皮刮刀將麵糊刮入模型內約八分滿。

7 烤箱預熱後，以上火180℃、下火190℃烘烤
　約25～30分鐘左右。

孟老師時間

★杏仁粉與糖粉一起過篩後，殘留的杏仁粉粗顆粒，
　可直接混合在蛋液中使用。

★可可糊先與1/3的打發蛋白混合，可將濃稠的可可
　糊稀釋一下，較容易完全混合。

★軟嫩可可蛋糕是法式點心舒芙蕾（Souffle）的改良
　版，將固體材料增加後，成品組織稍具紮實效果，
　出爐後較不會在短時間內收縮。

參考份量

直徑8cm　高4cm　紙模約4個

a

OS: 沒有像舒芙蕾（Souffle）那樣的不堪一擊，卻有相同軟嫩的好口感。

最佳賞味 室溫保存，冷食

香蕉巧克力蛋糕 糖油拌合法

材料 ▶ 香蕉70克（去皮後）　煉奶30克
無鹽奶油65克　糖粉50克　蛋黃1個
低筋麵粉90克　小蘇打粉1/8小匙
無糖可可粉10克　水滴形巧克力粒10克

做法 ▶

1 用叉子將香蕉壓成泥狀，加入煉奶用湯匙攪勻備用。（圖a）

2 無鹽奶油在室溫軟化後，加入糖粉先用橡皮刮刀稍微拌合。

3 改用攪拌機攪拌均勻，加入蛋黃以快速方式攪勻。

4 加入做法1的煉奶香蕉泥，繼續用攪拌機快攪均勻。

5 同時篩入低筋麵粉、小蘇打粉及無糖可可粉，改用橡皮刮刀以不規則方向拌勻呈麵糊狀。

6 用橡皮刮刀將麵糊刮入紙模內約七分滿，將表面抹平，再放上適量水滴形巧克力粒。

7 烤箱預熱後，以上火190℃、下火180℃烘烤約20～25分鐘左右。

參考份量

直徑7cm 高2cm 紙模6個

孟老師時間

★ 用熟透的香蕉來製作，較具有濃郁香氣，壓成有顆粒的泥狀即可。

★ 麵糊的製作方式，請參考P.37金黃橙絲蛋糕的做法。

OS: 不要懷疑！香蕉配巧克力是很match的。

最佳賞味 室溫保存，冷熱皆宜

鮮果巧克力蛋糕

材料 ▶

A 青蘋果65克（去皮後）　無鹽奶油20克
　　細砂糖10克　葡萄乾30克

B 無鹽奶油65克　糖粉65克　杏仁粉50克
　　全蛋30克　動物性鮮奶油10克
　　低筋麵粉65克　小蘇打粉1/8小匙
　　無糖可可粉15克

做法 ▶

1 材料A：青蘋果切成約1cm的丁狀備用。

2 無鹽奶油加細砂糖用小火煮至奶油融化，再
　　加入青蘋果丁及葡萄乾（圖a），改用中小火
　　熬煮至蘋果變軟（圖b），放涼備用。

3 材料B：無鹽奶油在室溫軟化後，分別加入
　　糖粉及杏仁粉先用橡皮刮刀稍微拌合。

4 改用攪拌機攪勻（圖c），分別加入全蛋及動
　　物性鮮奶油（圖d），以快速方式攪拌均勻。

5 同時篩入低筋麵粉、小蘇打粉及無糖可可
　　粉，改用橡皮刮刀稍微拌合。（圖e）

6 加入做法2的部分材料，用橡皮刮刀以不規
　　則方向拌勻呈麵糊狀。

7 用橡皮刮刀將麵糊刮入紙模內約八分滿，並
　　將表面抹平，再將剩餘的蘋果丁與葡萄乾平
　　均的鋪在麵糊表面。

8 烤箱預熱後，以上火190℃、下火180℃烘
　　烤約25～30分鐘左右。

參考
份量

長9cm　寬6.5cm　高2cm　紙模4個

孟老師時間

★ 青蘋果具微酸微甜的口感特性，適合糖漬熬煮後
　製作蛋糕，增添風味。

★ 麵糊的製作方式，請參考P.37金黃橙絲蛋糕的做
　法。

OS: 加了酸酸甜甜的滋味，改變了原有巧克力的單一口味。

參考
份量

直徑 10.5cm 高 3cm 紙模4個

孟老師時間

★ 麵糊表面的杏仁片,可換成
　其他的堅果類,使用前不需
　烘烤。

★ 麵糊的製作方式,請參考
　P.37金黃橙絲蛋糕的做法。

最佳賞味 室溫保存,冷食

摩卡全麥蛋糕

糖油
拌合法

材料▶

A 即溶咖啡粉2小匙　水1小匙

B 無鹽奶油90克　細砂糖60克　全蛋55克
　低筋麵粉60克　小蘇打粉1/8小匙
　無糖可可粉10克　全麥麵粉20克
　OREO巧克力餅乾 20克

C 裝飾:杏仁片30克　粗砂糖1大匙

做法▶

1 即溶咖啡粉加水用小湯匙調勻呈咖啡液備用。

2 無鹽奶油在室溫軟化,加細砂糖用攪拌機攪
　拌均勻。

3 分次加入全蛋及做法1的咖啡液,以快速方式
　攪勻。

4 同時篩入低筋麵粉、小蘇打粉及無糖可可
　粉,接著加入全麥麵粉,改用橡皮刮刀稍微
　拌合。

5 用手將OREO巧克力餅乾掰成小塊,再加入做
　法4的材料中,用橡皮刮刀以不規則方向拌勻
　呈麵糊狀。

6 用橡皮刮刀將麵糊刮入紙模內約八分滿,將
　表面抹平,再鋪滿杏仁片及適量粗砂糖。

7 烤箱預熱後,以上火190℃、下火180℃烘烤
　約25〜30分鐘左右。

OS:咖啡加可可就是「摩卡」,可將這兩項材料作增減,而突顯味道的濃淡。

最佳賞味 室溫保存，冷食

煉奶咖啡蛋糕

油粉拌合法

材料▶

A 夏威夷豆20克　金砂糖5克

B 無鹽奶油80克　低筋麵粉80克
　　泡打粉1/4小匙　全蛋30克　細砂糖10克
　　煉奶50克　即溶咖啡粉2小匙

做法▶

1 烤箱預熱後，將夏威夷豆以上、下火150℃
　烘烤約10分鐘左右。

2 烤模內部刷上奶油後，撒上均勻的金砂糖，
　並鋪上夏威夷豆備用。

3 無鹽奶油在室溫軟化後，同時篩入低筋麵粉
　及泡打粉，先用橡皮刮刀稍微拌合。

4 改用攪拌機由慢速至快速攪拌均勻，呈光滑
　細緻的糊狀。

5 分別加入全蛋、細砂糖、煉奶及即溶咖啡
　粉，繼續用攪拌機快攪均勻。

6 用橡皮刮刀將麵糊刮入烤模內，並將表面均
　勻抹平。

7 烤箱預熱後，以上火180℃、下火190℃烘
　烤約25～30分鐘左右。

參考份量

⬛15cm ⬛5cm
中空圓烤模1個

孟老師時間

★夏威夷豆可換成其他堅果
　類。

★做法5的各項材料，需逐項
　加入麵糊中攪拌均勻後，才
　可加另一項。

★即溶咖啡粉直接加入麵糊
　中，如未將顆粒完全攪至融
　化，味道較明顯。

★麵糊的製作方式，請參考
　P.43無花果楓糖蛋糕的做
　法。

OS: 即溶咖啡粉不要刻意的攪拌融化，即會吃得出咖啡味與咖啡香。

咖啡花生小蛋糕

糖油
拌合法

材料 ▶

A 內餡： 即溶咖啡粉1小匙　牛奶2小匙
　　　 顆粒花生醬120克　糖粉20克　無鹽奶油20克

B 蛋糕體： 無鹽奶油120克　細砂糖80克
　　　 即溶咖啡粉1小匙　全蛋70克
　　　 低筋麵粉120克　泡打粉1/2小匙
　　　 杏仁粉20克

做法 ▶

1 內餡：即溶咖啡粉加牛奶用小湯匙調勻，再
　分別加入顆粒花生醬、糖粉及無鹽奶油攪拌
　均勻備用。

2 蛋糕體：無鹽奶油在室溫軟化，分別加入細
　砂糖及即溶咖啡粉，用攪拌機攪拌均勻。

3 分次加入全蛋，以快速方式攪勻。

4 同時篩入低筋麵粉及泡打粉，接著加入杏仁
　粉，改用橡皮刮刀以不規則方向拌勻呈麵糊
　狀。

5 用湯匙將做法4的麵糊舀入烤模內約1/3的
　量，再填入約1小匙的內餡（圖a），接著再
　將麵糊填至八分滿。

6 烤箱預熱後，以上火190℃、下火180℃烘
　烤約20～25分鐘左右。

a

**參考
份量**

📏 11cm 📐 5cm 📏 2cm
紙模4個

孟老師時間

★ 即溶咖啡粉直接加入
　麵糊中，如未將顆粒
　完全攪至融化，味道
　較明顯。

★ 麵糊的製作方式，請
　參考P.37金黃橙絲蛋
　糕的做法。

OS: 製作成任何造型的小蛋糕，內餡都可盡量的多放，香氣足口感佳。

最佳賞味 室溫保存，冷食

拿鐵蛋糕

糖油拌合法

材料 ▶

A 即溶咖啡粉2小匙　水1小匙　牛奶100克

B 無鹽奶油75克　金砂糖35克　奶粉10克
　　蛋黃1個　低筋麵粉90克　泡打粉1/4小匙

做法 ▶

1 即溶咖啡粉加水用小湯匙調勻，再加入牛奶
　攪勻呈牛奶咖啡液備用。

2 無鹽奶油在室溫軟化，加金砂糖用攪拌機攪
　拌均勻。

3 分別加入奶粉及蛋黃，接著加入做法1的咖
　啡液，以快速方式攪勻，。

4 同時篩入低筋麵粉及泡打粉，改用橡皮刮刀
　以不規則方向拌勻呈麵糊狀。

5 用橡皮刮刀將麵糊刮入紙模內約八分滿。

6 烤箱預熱後，以上火190℃、下火180℃烘
　烤約20～25分鐘左右。

參考份量

　□ 10cm　高3cm　紙模4個

孟老師時間

★即溶咖啡粉的份量，可依個人口味增減，其中的
　水分也需調整。

★麵糊的製作方式，請參考P.37金黃橙絲蛋糕的做
　法。

OS：以「拿鐵咖啡」的概念製作，從喝到吃的不同享用過程，轉換成不同的品嘗滋味。 165

後記
End

常開玩笑說，如果人的一生中，吃甜點的**Quota**（配額）是一定的話，那麼我早已連下輩子的份都吃到透支了。尤其從《孟老師的100道手工餅乾》到《孟老師的100道小蛋糕》，外人真的難以理解與想像，要在短時間內密集的吃進一堆的餅乾、蛋糕，是何種景象？這種經歷，絕對與一般人所形容「吃甜點帶來幸福感」完全是背道而馳的。

一頁一頁的翻完，看完100道食譜，真的好快！

或是您，相中哪道？照著食譜做做看，應該也是件輕鬆事，頂多手法不純熟、技巧不精確，做得不好？口感不對？烤得不香？都沒關係！上網求救或再換一道試試吧！但是，要我同時面對100道蛋糕的「點點滴滴」，著實是「耐性」與「毅力」的大考驗。

旁人看來，做出100道蛋糕，怎麼樣也是享受到了口腹之欲。然而身為食譜書作者，擔負著研發的重任，在「品嚐」之下，必須發揮個人最客觀、最敏銳的味覺認定……口感是鬆軟？紮實？風味或香氣的誘人指數？甜度是否適宜？該有的特色一定要有，通過味蕾的檢視，運氣好的話，試做兩、三次便**OK**，萬一不理想有差錯，力求配方再精準，一道蛋糕做了又做、改了又改、嚐了又嚐，咬著牙將數不清的**NG**產品丟入垃圾袋內，就在研發責任與暴殄天物的心情交錯下誕生一道道的蛋糕。接下來的食譜拍照工作，再將全部的蛋糕以最完整、最真實的方式製作一遍，就這樣，100道蛋糕**Run**了好幾回合，不可勝數的重複製作。

蛋糕與餅乾的最大差異，在於外型裝扮，總希望各式各樣的蛋糕在讀者翻閱下有變換造型的視覺效果；因此在製作前的好幾個月，煞費苦心的開始四處搜括、選購各式的蛋糕烤模，無論紙模、鋁模、金屬模、傳統型、花俏型、高模、矮模……等一網打盡；烤蛋糕玩花樣，怎麼樣都行！您可依樣畫葫蘆，也可自己隨興搞創意；只要適宜，這本書的所有常溫小蛋糕，都可依您的方便性變換造型。

「蛋糕」為何物？即便不會製作，任誰都能說上一兩句，吃過、看過的感官印象與舌尖體驗；沒錯！不過就是鬆軟、綿細、紮實，要不就是好濕潤、好濃郁、好**Rich**，摒除餅乾的既定印象——酥、鬆、脆，轉換進入蛋糕的口感世界，不用很專業，**Step by Step**照著食譜，最後的成品，吃起來、看起來就是有蛋糕的特性與模樣，不要懷疑！也不用確認！它，就是蛋糕囉！

這本書內的食譜，雖非千錘百鍊，卻也經過三番兩次的演練與琢磨，深怕有不妥之處，十月初食譜拍

完照後，進入文字的撰寫工作，一張張被各色螢光筆塗塗改改的原稿跟著我出差至香港、澳門、深圳及上海，抓住空檔，便開始逐字推敲將「動態」的製作過程轉換成「靜態」的文字。其間，本書的推薦人焦志方先生看了原稿，他的第一句話便說：「稿子，好重的一股奶油味喔！」理由無他，因為邊做邊寫，奮戰了好久而沾染到的「氣味」啊！

　　完成100道手工餅乾後，緊接著100道小蛋糕，對我來說，只是個附帶動作：餅乾的「酥、鬆、脆」與蛋糕的「軟、綿、柔」兩者殊途同歸，都是美味誘惑。同樣的，希望每位讀者、同好烤完餅乾後，再次享受製作蛋糕的喜悅，因為餅乾與蛋糕，難分難捨的美味一定要同時擁有。

　　每一道蛋糕都各有其不同的品嘗風味，但礙於篇幅有限，真的無法為您一一描述各種口感或滋味，在此僅列舉幾道給您「聞香」。

P.38	糖漬蘋果蛋糕	華麗的法式水果蛋糕，與美式比較，風味與口感大異其趣。
P.40	藍莓乾優格馬芬	藍莓乾與優格的搭配，真的不是葡萄乾可取代的。
P.42	無花果楓糖蛋糕	無花果與楓糖互相提味，盡量不要換成別的糖漿。
P.56	酥波羅乳酪蛋糕	只因在表面加了一絲絲的酥波羅，而讓平凡的乳酪蛋糕更顯得香氣十足。
P.60	嫩豆腐乳酪蛋糕	不要懷疑！東方食材遇見西式乳酪，只要調味功夫做到，一樣令人驚豔。
P.69	愛爾蘭甜酒乳酪蛋糕	拍照時，攝影師品嘗感言：好貝里詩（BAILEYS）啊！（愛爾蘭甜酒的品牌）
P.70	酒漬櫻桃乳酪蛋糕	很成人風味的乳酪蛋糕，香濃乳酪隱約散發微醺的好滋味。
P.79	清蒸檸檬蛋糕	只有自己做，才有機會吃到這樣清爽的美味蛋糕。
P.83	雞蛋糕	最傳統最熟悉的蛋糕，買個模型感覺一下樸實的美味。
P.87	大理石抹茶蜂蜜蛋糕	看似大費周章，只要蛋白打得好，是極易成功的蛋糕。
P.93	紅麴大理石戚風蛋糕	試試看以料理用的紅麴來製作蛋糕，有意想不到的舌尖體驗。
P.99	培根洋蔥鹹馬芬	培根配洋蔥的經典組合，很提味也很開胃！
P.112	四個四分之一蛋糕	不是故弄玄虛，是真有其名的，換了國家而有不同稱法的「磅蛋糕」，在法國很普遍也很受歡迎。
P.113	金磚	常溫蛋糕中的熟悉產品，因外型討好，老少咸宜的美味，而成為伴手禮不可少的一項。
P.117	法式小軟糕	我稱它是法國的雞蛋糕，與國產雞蛋糕有異曲同工之妙，唯一差異就是多添加了杏仁粉，感覺就很法國。
P.131	高纖堅果蛋糕	是《孟老師的100道手工餅乾》內「高纖堅果棒」的姊妹品，配料相同下將麵糊增加，竟有不同的品嘗效果。

　　100道蛋糕涵蓋各式風味與口感，無論是本土的淳樸、歐美的香濃，或是和風的清爽，都值得我們細細品味。不同的製作方式終究不離「基本原則」與「操作手法」，建議新手們，在蛋糕世界的種種文字敘述輔助下，進行實務操作，由簡易式的馬芬著手，由淺入深慢慢體驗，再嘗試將蛋白打發進階製作；所有的食譜，無論份量、材料，甚至操作過程，完全針對家庭式的方便與需求而設計，其中僅有3道蛋糕添加SP乳化劑，有興趣的話試試看！了解油、水經由「乳化」結合的效果。

孟老師再次提醒您

◎ 各式蛋糕麵糊所應搭配的模型或尺寸，請參考書中前言的「烤模的應用」。

◎ 書中的食譜份量，是配合成品的模型大小而定，製作前請看「參考份量」，再配合個人需要來增加材料。

◎ 各式蛋糕的製作方式，請參考同一蛋糕類別的製作步驟。

◎ 所有食譜的溫度與時間，都是僅供參考，蛋糕的烘烤過程靠「觀察」，才能「判斷」出爐的時機。

無論您是製作蛋糕的生手，抑或是駕輕就熟的熟手，希望都能浸淫在蛋糕製作的天地裡，享受無價的幸福美味！

全省烘焙材料行

台北市

燈燦
103台北市大同區民樂街125號
（02）2557-8104

精浩
103台北市大同區重慶北路二段
53號1樓
（02）2550-6996

洪春梅
103台北市民生西路389號
（02）2553-3859

果生堂
104台北市中山區龍江路429巷8號
（02）2502-1619

申崧
105台北市松山區延壽街402巷2弄13號
（02）2769-7251

義興
105台北市富錦街574巷2號
（02）2760-8115

源記（富陽）
106北市大安區富陽街21巷18弄4號1樓
（02）2736-6376

萊萊
106台北市大安區和平東路三段212巷3號
（02）2733-0806

媽咪
106台北市大安區師大路117巷6號
（02）2369-9568

正大（康定）
108台北市萬華區康定路3號
（02）2311-0991

倫敦
108台北市萬華區廣州街220-4號
（02）23（06）8305

岱里
110台北市信義區虎林街164巷5號1樓
（02）2725-5820

源記（崇德）
110台北市信義區崇德街146巷4號1樓
（02）2736-6376

頂顥
110台北市信義區莊敬路340號2樓
（02）8780-2469

大億
111台北市士林區大南路434號
（02）2883-8158

飛訊
111台北市士林區承德路四段277巷83號
（02）2883-0000

惠端
112台北市北投區大屯路5號
（02）2987-9454

元寶
114台北市內湖區環山路二段133號2樓
（02）2658-8991

得宏
115台北市南港區研究院路一段96號
（02）2783-4843

加嘉
115台北市南港區富康街36號
（02）2651-8200

菁乙
116台北市文山區景華街88號
（02）2933-1498

全家
116台北市羅斯福路五段218巷36號1樓
（02）2932-0405

基隆

美豐
200基隆市仁愛區孝一路36號
（02）2422-3200

富盛
200基隆市仁愛區南榮路64巷8號
（02）2425-9255

嘉美行
202基隆市中正區豐稔街130號B1
（02）2462-1963

證大
206基隆市七堵區明德一路247號
（02）2456-6318

台北縣

大家發
220台北縣板橋市三民路一段99號
（02）8953-9111

全成功
220台北縣板橋市互助街36號（新埔國小旁）
（02）2255-9482

上荃
220台北縣板橋市長江路三段112號
（02）2254-6556

旺達
220台北縣板橋市信義路165號
（02）2962-0114

聖寶
220台北縣板橋市觀光街5號
（02）2963-3112

立昀軒
221台北縣汐止市樟樹一路34號
（02）2690-4024

加嘉
221台北縣汐止市環河街183巷3號
（02）2693-3334

佳佳
231台北縣新店市三民路88號
（02）2918-6456

艾佳（中和）
235台北縣中和市宜安路118巷14號
（02）8660-8895

佳記
235台北縣中和市國光街189巷12弄1-1號
（02）2959-5771

安欣
235台北縣中和市連城路347巷6弄33號
（02）2226-9077

馥品屋
238台北縣樹林鎮大安路175號
（02）2686-2569

永誠（鶯歌）
239台北縣鶯歌鎮文昌街14號
（02）2679-3742

煌成
241台北縣三重市力行路二段79號
（02）8287-2586

崑龍
241台北縣三重市永福街242號
（02）2287-6020

合名
241台北縣三重市重新路四段214巷5弄6號
（02）2977-2578

今今
248台北縣五股鄉四維路142巷14弄8號
（02）2981-7755

虹泰
251台北縣淡水鎮水源街一段61號
（02）2629-5593

宜蘭

立高
260宜蘭市校舍路29巷101號
（03）938-6848

欣新
260宜蘭市進士路155號
（03）936-3114

典星坊
265宜蘭縣羅東鎮林森路146號
（03）955-7558

裕明
265宜蘭縣羅東鎮純精路二段96號
（03）954-3429

新竹

熊寶寶
300新竹市中山路640巷102號
（03）540-2831

正大（新竹）
300 新竹市中華路一段193號
(03) 532-0786

力陽
300 新竹市中華路三段47號
(03) 523-6773

新盛發
300 新竹市民權路159號
(03) 532-3027

萬和行
300 新竹市東門街118號
(03) 522-3365

康迪
300 新竹市建華街19號
(03) 520-8250

富讚
300 新竹市港南里海埔路179號
(03) 539-8878

普來利
320 新竹縣竹北市縣政二路186號
(03) 555-8086

桃園

艾佳（中壢）
320 桃園縣中壢市環中東路二段762號
(03) 468-4558

乙馨
324 桃園縣平鎮市大勇街禮節巷45號
(03) 458-3555

東海
324 桃園縣平鎮市中興路平鎮段409號
(03) 469-2565

家佳福
324 桃園縣平鎮市環南路66巷18弄24號
(03) 492-4558

元宏
326 桃園縣楊梅鎮中山北路一段60號
(03) 488-0355

和興
330 桃園市三民路二段69號
(03) 339-3742

艾佳（桃園）
330 桃園市中正三街38之40號
(03) 332-0178

做點心過生活
330 桃園市復興路345號
(03) 335-3963

印象
330 桃園市樹仁一街150號
(03) 364-4727

台揚
333 桃園縣龜山鄉東萬壽路311巷2號
(03) 329-1111

陸光
334 桃園縣八德市陸光街1號
(03) 362-9783

天隆
351 苗栗縣頭份鎮中華路641號
(03) 766-0837

台中

德麥（台中）
402 台中市南區美村路二段56號9樓之2
(04) 2376-7475

總信
402 台中市南區復興路三段109-4號
(04) 2220-2917

永誠
403 台中市西區民生路147號
(04) 2224-9992

玉記（台中）
403 台中市西區向上北路170號
(04) 2310-7576

永美
404 台中市北區健行路665號
(04) 2205-8587

齊誠
404 台中市北區雙十路二段79號
(04) 2234-3000

銘豐
406 台中市北屯區中清路151之25號
(04) 2425-9869

利生
407台中市西屯區西屯路二段28-3號
（04）2312-4339

嵩弘
406台中市北屯區松竹路三段391號
(04)2291-0739

辰豐
407台中市西屯區中清路151之25號
(04)2425-9869

豐榮
420台中縣豐原市三豐路317號
（04）2527-1831

明興
420台中縣豐原市瑞興路106號
（04）2526-3953

彰化

敬崎
500彰化市三福街197號
（04）724-3927

王誠源
500彰化市永福街14號
（04）723-9446

永明
500彰化市磚窯里芳草街35巷21號
（04）761-9348

上豪
502彰化縣芬園鄉彰南路三段
355號
（04）952-2339

金永誠
510彰化縣員林鎮光明街6號
（04）832-2811

南投

順興
542南投縣草屯鎮中正路586-5號
（04）933-3455

信通
542南投縣草屯鎮太平路二段60號
（04）931-8369

宏大行
545南投縣埔里鎮清新里雨樂巷16-1號
（04）998-2766

嘉義

新瑞益（嘉義）
600嘉義市新民路11號
（05）286-9545

名陽
622嘉義縣大林鎮蘭州街70號
（05）265-0557

福美珍（大福）
600嘉義市西榮路135號
（05）222-4824

雲林

新瑞益（雲林）
630雲林縣斗南鎮七賢街128號
（05）596-3765

好美
640雲林縣斗六市中山路218號
（05）532-4343

彩豐
640雲林縣斗六市西平路137號
（05）535-0990

台南

瑞益
700台南市中區民族路二段303號
（06）222-4417

富美
700台南市北區開元路312號
（06）237-6284

世峰
700台南市西區大興街325巷56號
（06）250-2027

玉記（台南）
700台南市西區民權路三段38號
（06）224-3333

永昌（台南）
700台南市東區長榮路一段115號
（06）237-7115

永豐
700台南市南區南賢街158號
（06）291-1031

銘泉
700台南市南區開安四街24號
（06）246-0929

上輝
700台南市南區德興路292巷16號
（06）296-1228

佶祥
710台南縣永康市鹽行路61號
（06）253-5223

高雄

玉記（高雄）
800高雄市六合一路147號
（07）236-0333

正大行（高雄）
800高雄市新興區五福二路156號
（07）261-9852

薪豐
802高雄市苓雅區福德一街75號
（07）722-2083

新鈺成
806高雄市前鎮區千富街241號
（07）811-4029

旺來昌
806高雄市前鎮區公正路181號
（07）713-5345-9

德興（德興烘焙原料專賣場）
807高雄市三民區十全二路101號
（07）311-4311

十代
807高雄市三民區懷安街30號
（07）381-3275

德麥（高雄）
807高雄市本館路44-3號
（07）780-0870

烘焙家
813高雄市左營區至聖路147號
（07）348-7226

福市
814高雄縣仁武鄉高梅村後港巷145號
（07）346-3428

茂盛
820高雄縣岡山鎮前峰路29-2號
（07）625-9679

順慶
830高雄縣鳳山市中山路237號
（07）746-2908

旺來興
833高雄縣鳥松鄉大華村本館路151號
（07）382-2223

屏東

啓順
900屏東市民生路79-24號
（08）752-5858

聖林
900屏東市成功路161號
（08）723-2391

翔峰（裕軒）
920屏東縣潮州鎮太平路473號
（08）737-4759

台東

玉記（台東）
950台東市漢陽路30號
（08）932-5605

花蓮

梅珍香
970花蓮市中華路486之1號
（03）835-6852

萬客來
970花蓮市和平路440號
（03）836-2628

大麥
973花蓮縣吉安鄉建國路一段58號
（03）846-1762

國家圖書館出版品預行編目資料

孟老師的100道小蛋糕 / 孟兆慶著. -- 初版. --
-- 臺北市 : 葉子, 2006[民95]
面 ; 公分. -- (銀杏)

ISBN 986-7609-90-5 (平裝)

1. 食譜 - 點心

427.16   95000907

 銀杏 Ginkgo

孟老師的100道小蛋糕

作   者   孟兆慶

出 版 者   葉子出版股份有限公司
企 劃 主 編   鄭淑娟
企 劃 編 輯   鍾宜君
文 字 編 輯   陳慶祐
攝   影   徐博宇、林宗億（迷彩攝影）
美 術 設 計   行者創意一許丁文
印   務   許鈞棋

登 記 證   局版北市業字第677號
地   址   台北市新生南路三段88號7樓之3
電   話   (02) 2363-5748
傳   真   (02) 2366-0313
讀者服務信箱   service@ycrc.com.tw
網   址   http://www.ycrc.com.tw
郵 撥 帳 號   19735365
戶   名   葉忠賢

印   刷   大象彩色印刷製版股份有限公司
法 律 顧 問   煦日南風律師事務所
總 經 銷   揚智文化事業股份有限公司
地   址   台北市新生南路三段88號5樓之6
電   話   (02) 2366-0309
傳   真   (02) 2366-0310

初 版 十 八 刷   2016年04月   新台幣：350 元
I S B N   986-7609-90-5

廣　告　回　信
臺灣北區郵政管理局登記證
北　台　字　第　8719　號
免　貼　郵　票

106-□□
台北市新生南路3段88號5樓之6

揚智文化事業股份有限公司　　收

□□□-□□
地址：　　　市縣　　鄉鎮市區　　路街　段　巷　弄　號　樓
姓名：

Leaves
Publishing

 L5107　　 孟老師的100道小蛋糕

葉子出版股份有限公司

讀·者·回·函

感謝您購買本公司出版的書籍。

為了更接近讀者的想法，出版您想閱讀的書籍，在此需要勞駕您
詳細為我們填寫回函，您的一份心力，將使我們更加努力！！

1.姓名：_____

2.性別：□男 □女

3.生日／年齡：西元_____ 年_____月 _____ 日____歲

4.教育程度：□高中職以下 □專科及大學 □碩士 □博士以上

5.職業別：□學生□服務業□軍警□公教□資訊□傳播□金融□貿易
　　　　　□製造生產□家管□其他_____

6.購書方式／地點名稱：□書店_____□量販店_____□網路_____□郵購_____
　　　　　　　　　　　□書展_____□其他____

7.如何得知此出版訊息：□媒體_____□書訊_____□書店_____□其他_____

8.購買原因：□喜歡作者□對書籍內容感興趣□生活或工作需要□其他

9.書籍編排：□專業水準□賞心悅目□設計普通□有待加強

10.書籍封面：□非常出色□平凡普通□毫不起眼

11. E－mail：_____

12喜歡哪一類型的書籍：_____

13.月收入：□兩萬到三萬□三到四萬□四到五萬□五萬以上□十萬以上

14.您認為本書定價：□過高□適當□便宜

15.希望本公司出版哪方面的書籍：_____

16.本公司企劃的書籍分類裡，有哪些書系是您感到興趣的？

□忘憂草（身心靈）□愛麗絲（流行時尚）□紫薇（愛情）□三色堇（財經）

□ 銀杏（健康）□風信子（旅遊文學）□向日葵（青少年）

17.您的寶貴意見：

_____

☆填寫完畢後，可直接寄回（免貼郵票）。
　我們將不定期寄發新書資訊，並優先通知您
　其他優惠活動，再次感謝您！！